〔荷兰〕孙捷 〔瑞士〕伊丽莎白·菲舍尔 主编

Edited by Jie SUN Elizabeth FISCHER

奢侈品设计之灵
当代时尚与首饰

SPIRIT OF
LUXURY AND DESIGN

A Perspective from
Contemporary
Fashion and Jewellery

同济大学出版社
TONGJI UNIVERSITY PRESS

目录 CONTENTS

CHAPTER 3

归属与学科交叉
可持续化与新技术
BELONGING & INTERDISCIPLINARY
Sustainability and New Technology

CHAPTER 4

对话与沟通
策展
DIALOGUE & COMMUNICATION
Curation

CHAPTER 5

结语
CONCLUSION

前言
FOREWORD

当代的首饰有这样一种倾向，它可以是积极的，构建自己的内容，像每一个专业或学科一样有自身的批评与见解，然后接受讨论和挑战；它更可以是壮观的、激进的、观念的，诠释对未来的想象，提出基于社会学、工程技术、人类学等创新的观点；它也可以是一种艺术和时尚，永远不要低估小体量的力量，艺术爱慕者和时尚追随者都为它狂喜。首饰可以非常私人化，通过它可以述说一个人的情感故事、记忆、生活和对未来的预言；首饰也可以是确认自我和他人与社会的关系的媒介。首饰的研究在蓬勃发展，正如许多专业的发展那样，定位自己的边界和周边，从而获得新的认知。

时尚与设计相关的研究近几年呈现了很明显的发展，其理论与实践研究大多聚焦在时尚与服装（Evans, 2003; Kawamura, 2011/2018; Johnson 等，2003; Breward, 1998/2003/2017）、纺织技术与工艺（Fletcher, 2014; Sikarskie, 2020）、纺织品图案设计（Emery, 2014）、服装与物质文化（Miller & Kiichler, 2005）、时尚与文化（Kaiser, 2013; Baudel, 2004; Laver, 2020）、时装历史与理论（Taylor, 2004/2013; Riello & McNeil, 2010; Granata, 2012; Fukai 等，2015; Burns, 2019）、市场经济学（Entwistle, 2009; Griffith, 2000; Flynn & Foster, 2009; Burns 等，2016）、社会学下的男/女性学（Tseelon, 1995; Fliigel, 2004; Paoletti, 2015）、美学（Gaimster, 2011）、美术馆学（Anderson, 2000; Melchior, 2014; Petrov, 2019）等，从时尚与纺织品（服装）角度描述时尚的社会、历史和文化建构。然而，时尚作为一个典型的交叉学科，涉及很多层面，而非仅仅是服装纺织。基于非服装纺织品设计的时尚研究极

少，甚至从未有从时尚和设计角度关注首饰与相关配饰的主题与内容，这是缺失且片面的，服装与纺织品并不能完全诠释时尚设计的研究与发展。

首饰作为相对独立的形式／专业有其自身的历史与发展，首饰的研究通常集中在人文历史与考古 (Chadour-Sampson, 2019; Awais-Dean, 2018; Scarisbrick, 2019)、传统手工艺和技术 (Revere, 2018)、宝石与材料 (Pointon, 2010)、品牌 (Müller, 2015)、当代艺术首饰 (Strauss, 2007; Skinner, 2013; Deckers 等, 2017) 等领域，也有少数时尚与首饰历史 (Cera, 2019; Papi & Rhodes, 2016)、现当代首饰发展历史 (Besten, 2011) 的研究，但甚少有研究关注首饰在设计学和时尚奢侈品中的角色。而对腕表与鞋、包的设计研究，大多关注在奢侈品牌 (Høy & Frost, 2019; Steele & O'Brien, 2017; Pasols, 2012)、人文历史 (Wilcox 等, 2012)、技术与手工艺 (Goonetilleke, 2017; Volken, 2014)、作为服装配饰的设计 (Mauriès, 2017) 等方面。在时尚语境中，从设计学角度而言，首饰、腕表、鞋具、箱包与服装纺织品有着非常不同的设计方法与工艺，其在社会学中的认知也不同。当前，非常缺少从设计理论和方法论角度，去探讨首饰与相关配饰在时尚与设计中的价值与角色。

设计研究在当下的社会、文化、经济、材料和技术变革中发挥着越来越重要的作用，是典型的交叉学科与跨学科领域，涉及很多的主题与内容。然而，基于实践的研究大多集中在工业产品设计 (Koskinen 等, 2011)、建筑与环境 (Colletti, 2017; Schaik & Johnson, 2020)、体验设计 (Austin, 2020)、服装设计、可持续设计 (Stubbins, 2010)、研究方法论 (Plattner 等, 2012; Joost 等, 2016; Vaughan, 2017; Raposo 等, 2019) 等，首饰与时尚领域的设计研究非常少。

本书的编写历经两年多的时间。出版本书的缘起，一方面是基于 2018 年底首届"WoSoF 全球时尚与首饰创新设计论坛"在上海的成功举办，本书梳理和采纳了部分发言嘉宾的观点，同时特邀了部分学者为本书进行专题创作。另一方面，时尚与首饰相关的学术研究通常很少从当代设计理论和方法的角度，去探讨时尚与首饰的关系，以及首饰与相关配饰设计在时尚中的角色与价值，这本书的出版可填补这一空白，有一定必要性。首届"WoSoF 全球时尚与首饰创新设计论坛"是 WoSoF 全球时尚与首饰创新设计项目中的一部分，也是其核心部分，除此之外，项目还包含了"WoSoF 全球时尚与首饰创新设计大展"与"奢侈品设计之灵：当代时尚与首饰"（本书的出版工作）两个部分。WoSoF 全球时尚与首饰创新项目的顺利开展，得益于同济大学设计创意学院的主办，与瑞士日内瓦艺术设计学院、西班牙马德里高等时尚设计中心、法国时装学院的全力协办。

"WoSoF 全球时尚与首饰创新设计大展"在天津美术学院美术馆展出，展览展出了由我和日内瓦艺术设计学院伊丽莎白·菲舍尔教授（Elizabeth Fischer）、西班牙马德里理工大学教授吉列勒莫·加西亚 - 巴德尔（Guillermo García-Badell）三人共同精选的、分别来自中国、瑞士、西班牙的 30 位新锐设计师的近 60 件作品。这些设计师作品的形式主要集中在首饰、箱包、眼镜、鞋，从材料、科技、创新工艺、设计方法等多个角度展现了新兴的设计实践。大展在天津开幕后的第三天，首届"WoSoF 全球时尚与首饰创新设计论坛"在上海拉开了帷幕，论坛上聚集了中国、英国、美国、法国、瑞士、荷兰、意大利等 9 个国家的 17 位发言嘉宾。整个大展与论坛，将时尚与首饰设计的学术研究和实践研究互相结合起来，以"首饰与相关配饰（鞋、帽、箱包、眼镜、手表等）如何呈现时尚设计与当代文化"为命题，从艺术、设计、材料与文化，可持续化发展与新技术，策划与管理这三个方面展开了讨论。论坛以时尚研究作为探讨首饰和相关配饰的设计研究、实践、历史、策划和管理的背景，为当代时尚、首饰和设计学科的学术创新及发展，贡献了新的启发性视角与认知，活动主场设在中国，更为推动中国本土中高端时尚行业的发展与升级带来了理论性的指导。

本书共有五章，第一章作为引言针对书名"奢侈品设计之灵"，探讨了当代设计在时尚奢侈品发展历程中的角色；第二章"灵感与未来"，14 篇文章贡献了从艺术、设计、材料与文化角度对时尚与首饰的思考；第三章"归属与学科交叉"的 4 篇文章，将继续探讨可持续化发展与新技术对首饰设计发展的影响；尽管当代时尚和首饰的策展在实践上已经不是什么新鲜事情了，但相关的研究还是新兴的领域，第四章"对话与沟通"的 2 篇文章从展览策划角度进行了探讨；第五章的结语为本书画上了圆满句号的同时，也落下了历时近 3 年的 WoSoF 全球时尚与首饰创新项目成功完成的帷幕。我希望本书能够帮助不同背景的读者，重新审视首饰与相关配饰作为一个特定的主题和专业领域的探索，为时尚设计研究的发展赋予新的启发性视角和行业创新发展的可能性。

孙捷

Jie SUN

国家特聘专家
同济大学设计创意学院教授

参考文献

ANDERSON F, 2000. Museums as fashion media//BRUZZI S, CHURCH-GIBSON P. Fashion cultures: theories, explorations and analysis. London: Routledge.

AUSTIN T, 2020. Narrative environments and experience design: space as a medium of communication. London: Routledge.

AWAIS-DEAN N, 2018. Bejewelle: men and jewellery in Tudor and Jacobean England. London: British Museum.

BAUDEL C, 2004. The Painter Modern Life//Purdy D L. The rise of fashion. Minneapolis: University of Minnesota Press: 213-221.

BESTEN L D, 2011. On jewellery: a compendium of international contemporary art jewellery. Houston: Arnoldsche Verlagsanstalt.

BREWARD C, 1998. Cultures, identities, histories: fashioning a cultural approach to dress. Fashion Theory, 2(4): 301-313.

BREWARD C, 2003. Fashion(Oxford history of art). Oxford: Oxford University Press.

BREWARD C, 2017. The suit: form, function and style. London: Reaktion Books.

BURNS L D, 2019. Sustainability and social change in fashion. New York: Fairchild Books.

BURNS L D, MULLET K K, BRYANT N O, 2016. The business of fashion: designing, manufacturing and marketing. New York: Fairchild Books.

CERA D F, 2019. Adorning fashion: the history of costume jewellery to modern times. Woodbridge: Acc Art Books.

CHADOUR-SAMPSON B, 2019. The power of love: jewels, romance and eternity. London: Unicorn Publishing Group.

COLLETTI M, 2017. Digital poetics: an open theory of design-research in architecture. London: Routledge.

DECKERS P, PATON K, BESTEN L D, 2017. Contemporary jewellery in context: a handshake blueprint. Houston: Arnoldsche Verlagsanstalt.

EMERY J S, 2014. A history of the paper pattern industry: the home dressmaking. London: Bloomsbury Academic.

ENTWISTLE J, 2009. The aesthetic economy of fashion: markets and value in clothing and modelling. Oxford : Berg Publishers.

EVANS C, 2003. Fashion at the edge: spectacle, modernity and deathliness. London: Yale University Press.

FLETCHER K, 2014. Sustainable fashion and textiles: design journeys. 2nd ed. London: Routledge.

FLIIGEL J C, 2004. The great masculine renunciation and its causes//Purdy D L. The rise of fashion. Minneapolis: University of Minnesota Press: 102-08.

FLYNN J Z, FOSTER I M, 2009. Research methods for the fashion industry. New York: Fairchild Books.

FUKAI A, SUOH T, IWAGAMI M, 2015. Fashion: a history from the 18th to the 20th century. Köln: Taschen.

GAIMSTER J, 2011. Visual research methods in fashion. Oxford: Berg Publishers.

GOONETILLEKE R S, 2017. The science of footwear (human factors and ergonomics). London: Routledge.

GRANATA F, 2012. Fashion studies in-between: a methodological case-study and an inquiry into the state of fashion studies. Fashion Theory, 16(1): 67-82.

GRIFFITH I, 2000. The invisible man// WHITE N, GRIFFITHS I. The fashion business: theory, practice, image. London: Bloomsbury: 69-90.

HØY J, FROST C, 2019. The book of Rolex. Woodbridge: Acc Art Books.

JOHNSON K P, TORNTORE S J, EICHER J B, 2003. Fashion foundations: early writings on fashion and dress. Oxford: Berg Publishers.

JOOST G, BREDIES K, CHRISTENSEN M, et al., 2016. Design as research. Boston: Birkhäuser.

KAISER S B, 2013. Fashion and cultural studies. London: Bloomsbury Academic.

KAWAMURA Y, 2011. Doing research in fashion and dress: an introduction to qualitative methods. London: Bloomsbury Visual Arts .

KAWAMURA Y, 2018. Fashion-ology: an introduction to fashion studies. London: Bloomsbury Visual Arts.

KOSKINEN I, ZIMMERMAN J, BINDER T, et al., 2011. Design research through practice: from the lab, field, and showroom. San Francisco: Morgan Kaufmann.

LAVER J, 2020. Costume and fashion: a concise history. London: Thames & Hudson.

MAURIÈS P, 2017. Yves Saint Laurent accessories. London: Phaidon Press.

MELCHIOR M R, 2014. Fashion and museums. London: Bloomsbury Academic.

MILLER D, KIICHLER S, 2005. Clothing as material culture. Oxford: Berg Publishers.

MÜLLER F, 2015. Piaget: watchmaker and jeweler since 1874. New York: Harry N. Abrams.

PAOLETTI J B, 2015. Sex and unisex: fashion, feminism, and the sexual revolution. Bloomington: Indiana University Press.

PAPI S, RHODES A, 2016. 20th century jewellery & the icons of style. Revised Edition. London: Thames & Hudson.

PASOLS P-G, 2012. Louis Vuitton: The birth of modern luxury. Updated Edition. New York: Harry N. Abrams.

PETROV J, 2019. Fashion, history, museums: inventing the display of dress. London: Bloomsbury Visual Arts.

PLATTNER H, MEINEL C, LEIFER L, 2012. Design thinking research: measuring performance in context. Berlin: Springer.

POINTON M. 2010. Brilliant effects: a cultural history of gem stones and jewellery. London: Paul Mellon Centre BA.

RAPOSO D, NEVES J, SILVA J, 2019. Perspective on design: research, education and practice. Berlin: Springer.

REVERE A, 2018. Professional jewellery making. Brunswick: Brynmorgen Press.

RIELLO G, MCNEIL P, 2010. The fashion history reader: global perspectives. London: Routledge.

SCARISBRICK D, 2019. Diamond jewellery: 700 years of glory and glamour. London: Thames & Hudson.

SCHAIK L V, JOHNSON A, 2020. By practice, by invitation: design practice research in architecture and design at RMIT, 1986-2011. New York: Actar.

SIKARSKIE A, 2020. Digital research methods in fashion and textile studies. London: Bloomsbury Visual Arts.

SKINNER D, 2013. Contemporary jewellery in perspective. New York: Lark and Art Jewelry Forum.

STEELE V, O'BRIEN G, 2017. Louis Vuitton: a passion for creation: new art, fashion and architecture. New York: Rizzoli.

STRAUSS C, 2007. Ornament as art: avant-garde jewellery from the Helen Williams Drutt collection. Houston: Arnoldsche Verlagsanstalt.

STUBBINS K, 2010. Sustainable design of research laboratories: planning, design, and operation. New York: John Wiley and Sons.

TAYLOR L, 2004. Establishing dress history. Manchester and New York. Manchester: Manchester University Press.

TAYLOR L, 2013. Fashion and dress history: theoretical and methodological fashion revolution. London: Bloomsbury.

TSEELON E, 1995. The masque of femininity: the presentation of women in everyday life. London: SAGE Publications.

VAUGHAN L, 2017. Practice-based design research. London: Bloomsbury Visual Arts.

VOLKEN M. 2014. Archaeological footwear: development of shoe patterns and styles from prehistory till the 1600's. Zwolle: SPA Uitgevers.

WILCOX C, CLARK J, PHILLIPS A, et al., 2012. Handbags: the making of a museum. London: Yale University Press.

前言

CHAPTER

1

INTRODUCTION

引言

从奢侈品
到当代时尚设计

From Luxury to Contemporary Fashion Design

孙捷
Jie SUN
国家特聘专家, 同济大学设计创意学院教授

重新理解奢侈品
在时尚中的概念与框架

德国社会学家、哲学家彼德·斯洛特戴克 (Peter Sloterdijk) 曾在自己的专著中这样说道:

奢侈使人类成为可能,也正是通过对奢侈的追求,我们的世界才得以诞生。人类通过相互构建的社会关系来定位自己的存在,这个社会可以给予人类比任何其他生物所能想象和享受到的最大的安全感。这让人类通过与大自然的分离而崛起 (Sloterdijk, 1993)。

斯洛特戴克从人类学的角度对奢侈做的解读 (Elden, 2011),更多是解释人类社会的起源是基于对更优质的个人/群体存在的追求,在他的解读中很清晰地交代了奢侈的三个特征:欲望 (对美好的追求);文化性与社会性;排他性 (稀缺性)。

传统认知中,奢侈的概念会直接与昂贵、优雅、精致的产品,高品质的服务,或者富有的、极度安逸和奢华的生活方式联系在一起,这是比较容易理解的 (Faiers, 2014; Featherstone, 2014)。但是,在中文中,"Luxury"一词根据不同的语境和情景,可以翻译和理解为不同的词性,比如:奢华——代表精致且高品质,正面词性;奢靡——代表过分纵欲和物质消费,负面词性。相对而言,奢侈一词显得更加中性,更多反映的是一种在社会、经济、文化中的特殊角色与价值。当然,对奢侈的理解与认知绝对不是一个平面,而是立体和多维度的。

让我们换一个方式来理解对奢侈的认知。简单而言,它也许包含了我们对一些东西的感受 (Berry, 1994)。比如,当一个人在一个经常阴天下雨的城市看到了彩霞与夕阳,这就有可能让他感知到这是一件奢侈的事情,但这里还有一个条件,就是这个人需要具备审美的能力,能够认知到这件事情的价值。这也就是说,如果没有对稀缺性的认知 (对审美和文化的诉求) 和现实 (在一个经常阴天下雨的地方) 作为必要条件,单纯的美丽并不能构建起奢侈。这也就意味着，某个事件或事物本身固有的美，并不足以给个体创造奢侈的感知（或深刻印象），除非这个个体接受过某种文化并让其能够感知事物的排他性和稀缺性。美、文化、稀缺性这三者构建了奢侈的感知。显然，对稀缺性的价值认知成为了关键，它也是相对主观和私人的。然而这种对稀缺性的价值认知（珍贵性）恰恰是文化造就的，并非一定与物质和金钱直接相关。

显而易见，对奢侈的认知可以分为两个相互交叉的维度——市场经济（Market-Economy Understanding of Luxury）和社会文化（Social-Culture Understanding of Luxury），这并不难理解。从市场经济维度来诠释奢侈，主要表现在一些显性的和已经构成的市场机制（Okonkwo，2010），如品牌的标志、网站、视觉系统、社交媒体等。然而从社会文化维度来看，更多表现在一些隐性的文化认知与社会关系，它通常会在不同的群体、社交圈、阶层、社会角色中制造排他性（稀缺性）（Armitage，2016）。这就不难理解当我们认为一件物品是奢侈的时候，并不仅仅因为其物质价值上的稀缺性，同时也要在社会文化层面认知到其隐性的价值所构建的稀缺性（Adams，2012）。因此，奢侈的存在需要具备其市场经济的因素，同时还需要在社会关系中表现其文化价值与稀缺性。奢侈的核心是价值和对价值的认知。一方面，当某件物品被认知为奢侈品时，它就会彰显价值，暗示其比其他东西更为重要。另一方面，奢侈品同样体现和承诺了事物的质量，不仅仅是精美工艺与高品质、稀缺性（独一无二/限量）和奇妙性的呈现，还可能伴随着丰富多彩的感官体验与自我角色认知的体验，奢侈的力量可以提供更多、更高效的附加值。

时尚与奢侈品的关系是暧昧不清的（Barthes，2010）。一方面，时尚和奢侈品在本质上是相互对立的，奢侈具有独特性和排他性，但是时尚却具有大众性和群体性，似乎奢侈必须否定时尚；另一方面，时尚奢侈品的存在又的确是消费"奢侈"的对象。时尚所驱动的消费，实质上是资本在市场经济结构中话语权的一种物化，时尚是这种话语权在一个阶段反复将文化商品化和物质化。

同时，作为一种原始冲动，时尚追求"大众化"，它需要被一群人所接受，才能把一个深奥的概念或生活与行为方式变成社会上令人追崇的商品，让文化成为市场能够物化和衡量的价值（Kapferer, 2015）。

时尚需要得到社会的认同才可能被追崇，而奢侈品必须在原则上反对这种默认。奢侈品必须在一定程度上保持神秘，才能作为一种精英文化符号发挥作用，它必须通过一种特殊的途径和方法来区分自己的稀缺性（Tungate, 2009）。因为任何一种商品或服务的社会排他性越高，就越容易被认为是奢侈品，哪怕它的成本很低。同样的道理，一种商品或服务越时尚，它就越不能被当作奢侈品来消费，哪怕它非常的昂贵。同时，奢侈品的精英文化力量一旦被广泛传播和消费，就会消失，也就不存在奢侈品的概念了。但是，在资本经济的内部，奢侈品必须屈从于时尚，才可能获得足够的盈利。于是，一种新的时尚，或一种新的、更高级的奢侈品的形式（表现）就必须出现，时尚奢侈品——一种在某个区域范围内，有独特的时间寿命和市场运营节奏的"稀缺品"——就诞生了（Calefato, 2012）。在这种情况下，当代艺术与设计就成为时尚和奢侈品之间的矛盾的桥梁，不断创造着时尚奢侈品对市场的吸引力。

设计与艺术是
时尚奢侈品的驱动力

我爱奢侈品。因为奢侈品之所以为奢侈品并不仅仅在于其丰满与华丽的外表，而且在于它容不下一丁点的庸俗和粗鄙。庸俗和粗鄙才是时尚语言中最丑陋的词汇。

——可可·香奈儿（Coco Chanel）

在香奈儿女士的这句话中，暗示了艺术性的设计与品位在时尚奢侈品构建中的核心角色（Bourdieu, 2010）。经济与管理学家米歇尔·舍瓦利耶和热拉尔德·马扎罗夫（Chevalier & Mazzalovo, 2012）曾提出时尚奢侈品必须满足三个标准。第一，它必须有很强的艺术内涵与精良的设计（Roberts,

1

2

1. 阿尔多·西皮洛的肖像
   来源：Manifesto杂志

2. 阿尔多·西皮洛为卡地亚设计的"爱的手镯"
   来源：纽约现代艺术博物馆

2015）；第二，它必须蕴含高品质的工艺（手工艺或科技）；第三，它必须是全球语境中能够被认知到的（国际化）。艺术设计、工艺和奢侈品之间的联系并不新鲜，二者是都需要高水平的技能、足够长的时间和相对昂贵／稀缺的材料（Adamson，2013）。20世纪中期以前，消费和使用奢侈品被认为是物质财务的象征，然而，随着科学技术的发展，以及全球化经济的影响，大量中产阶级的诞生让越来越多的个人有能力消费超过其基本需求的"奢侈品"，奢侈品更多地被看作是提升个人生活质量与社交质量的需求。

现当代艺术家、先锋设计师与时尚奢侈品牌跨界／合作设计已经不是什么新鲜事了（Silverstein & Fiske，2008）。在过去的十年间更是达到了前所未有的程度，并且还在持续。有一些传统的时尚奢侈品牌也因为这样的合作获得了革新与发展机会。如果卡地亚（Cartier）没有与意大利首饰设计师阿尔多·西皮洛（Aldo Cipullo）合作，也许卡地亚就不会有太多设计上的创新（Chaille等，2019；Ricca & Robins，2012）。与阿尔多·西皮洛的合作系列首饰，曾成为戴安娜王妃（Princess Diana）、著名男歌手法兰克·辛纳屈（Frank Sinatra）、美国影星安吉丽娜·朱莉（Angelina Jolie）等社会名流追崇的作品。除了获得品牌社会影响力的新高峰外，卡地亚基本款手镯的售价增加了近十倍（从4450英镑到39900英镑），更为卡地亚带来了巨大的经济收益。还有一些时尚奢侈品牌甚至把这种合作确定为自身产品创新与战略发展的核心项目之一，短期的项目合作模式，使其品牌不断成为媒体和社会关注的对象，产品也不断被追捧（Dubois等，2005）。路易威登（Louis Vuitton）在2017年与美国知名当代艺术家杰夫·昆斯（Jeff Koons）推出了合作系列手包。作为当代艺术界最受推崇的人物之一，昆斯将达·芬奇（Leonardo da Vinci）、提香（Tiziano Vecelli）、鲁本斯（Peter Paul Rubens）、弗拉戈纳尔（Jean Honore Fragonard）与凡·高（Vincent Willem van Gogh）等近代绘画大师的杰作重现在多款路易威登标志性的手包设计上，为致敬古典大师，他还将他们的生平与肖像烫金呈现在包袋内部。他的每一款包袋设计都配有充气兔子造型（这是昆斯40年来艺术生涯中一直使用的经典标志之一）的挂饰，还将路易威登的经典字母组合标志变形为自己的姓名缩写设计。路易威登类似的合作项目还有很多，如

2001年与纽约设计师斯蒂芬·斯普劳斯 (Stephen Sprouse)，2003年与日本波普艺术家村上隆，2008年与美国设计师理查德·普林斯 (Richard Prince)，2012年与日本艺术家草间弥生，2013年与法国当代艺术家丹尼尔·布伦 (Daniel Buren)，2014年与美国著名解构主义建筑大师弗兰克·盖里 (Frank Gehry) 等人的合作。

那么，当代艺术与设计是如何催化出时尚奢侈品的呢？首先，相对于传统艺术形式，当代艺术作为一种能够接触到全球越来越多城市的媒介，其发展本身具有多元性的价值趋向和全球化传播的特征。当代艺术和当代时尚一样，变得越来越不排外，也越来越容易被消费者看到。他们通过大量的文化机构，如博物馆、画廊、各种媒体渠道的广泛传播，视觉艺术中的前卫趋势和观点，亦或是艺术家本人都获得了很好的转化与普及 (Berthon等，2009)。当代艺术家和设计师的曝光率与社会影响力也获得了前所未有的社会关注度，当代艺术显得更加"平民化"。其次，从物质角度来看，当代艺术作为一种商品代表着一种绝对的奢侈品，当代艺术作品的实际收购，其消费不是作为一种文化产品来看待的，而是作为资本和"特殊货币"，是极其昂贵与稀有的。艺术品的消费远远超出了公众的购买力，然而当代艺术家和设计师在社会上获得了很高的认知度，大众仍然渴望参与那样的艺术世界，仍然渴望以某种方式与他们喜爱的艺术家和作品相联系。于是，"时尚奢侈品"诞生的时机就出现了，奢侈品牌借助与艺术家的合作，有效地将其艺术观点或思想通过设计，转化并附加在了自身的奢侈产品上，艺术与设计成为了其产品创新和扩展市场受众的驱动力，源源不断地革新其产品并始终站在时尚的浪尖，被大众追崇 (Giron，2014)。同时，由于后工业时代全球化文化旅游的普及，奢侈品牌同样可以构建自己的文化艺术机构作为平台，像普拉达艺术基金会 (Fondazione Prada, Milan/Shanghai) 和路易威登基金会 (La Fondation Louis Vuitton, Paris) 都创建了自己集团旗下的艺术博物馆，既收藏展示知名当代艺术家和设计师的作品来扩大品牌的文化附加值，又利用自己的商品视觉语言和推广策略来挖掘特色艺术家或提升合作艺术家的声誉 (Mooij，2014)。

从奢侈品到当代时尚设计

普拉达"再生尼龙"系列包
来源：普拉达

除了设计师与艺术家作为原创创作者与奢侈品牌的合作能够驱动奢侈品的时尚化,当代设计与艺术的很多议题同样在奢侈品的创新过程中被应用。例如可持续设计是设计学理论中非常重要的议题之一,其中包括了可持续的材料与能源设计、产品设计、产品服务系统设计、分布式经济设计、社会创新设计、循环经济设计等。如普拉达品牌(Prada)在2019年就曾在上海Prada荣宅策划了"构想可持续世界"的展览活动,为公众展现了其新产品"再生尼龙"系列,其原材料都来源于对海洋"幽灵渔网"等废料的回收、加工和利用。尽管尼龙面料一直是普拉达品牌的基因和象征,但"再生尼龙"是可完全回收并可被无限循环使用的,普拉达预期在未来完成纯尼龙到再生尼龙彻底转化。可持续设计在这里为这个经典品牌的系列产品赋予了新的时尚生命。

时尚设计与奢侈的关系

纵观社会的发展与创新驱动力的变化,从20世纪中期技术为引领,制造为驱动;到20世纪末市场为导向,品牌为驱动;再到21世纪的今天,以社会与个人需求为引领。我们的生活和社会不需要更多的基本必需品了,需要的是更高品质的生活、服务、内容、产品、协同创造等,设计成为了这个阶段非常重要的创新驱动力。设计远远比作为一种销售的手段,一种技术层面的优化或工业生产的工具有着更多、更强大的价值和功能。人们可以非常清楚地看到这一点:设计的影响力,可以有效地改变个人观念与社会生活,不仅仅是创造经济或人文价值,甚至会更新推进社会的发展模式,或者它本身就可以改变社会和人类的沟通方式。时尚设计更是基于当下与未来生活方式的需求的思考。

不仅时尚与设计是文化创意产业在经济增长中的驱动力,时尚奢侈品同样也在经济增长中扮演着驱动者的角色(Encatc, 2014)。尽管在当下的全球动荡中,股市暴跌、地区经济放缓和全球政治不稳定等因素对奢侈品诉求与消费的影响似乎是巨大的，但事实上，全球奢侈品市场在2018年达9200亿欧元，到2025年将超过1.3兆欧元，其中体验奢侈品市场价值（餐饮、酒店、邮轮、度假胜地、葡萄酒和烈酒、家具、照明、汽车、船只、智能手机和技术）的增速为5%。2018年，个人时尚奢侈品的市场价值超过了2600亿欧元（贝恩公司年度奢侈品报告/第17版），比前一年增长了6%（D'Arpizio, 2018），预计到2025年，这一增速将放缓至每年3%—5%的增幅，达到3200亿—3650亿欧元。两个板块的经济增幅都高于全球经济增长率。

一方面，"千禧一代"与90后的"Z一代"占据了大约32%的市场份额，他们正在推动整个奢侈品行业的转型与革新:预计到2025年，他们的消费将占到50%。他们对生活的理解和自我的认知，导致这两个群体对奢侈品牌和产品的期望与他们的前辈大不相同。千禧一代正在寻找设计上的创新，以及反映他们个性和价值观的独特的产品。从地理上看，中国仍是主要的消费力量，占总市场的33%，预计到2025年将上升至40%，占2018—2025年市场增长的75%（MFG, 2019）。品牌与设计师的合作成为了新奢侈品的关键。

另一方面，根据《2019全球个人奢侈品市场的价值份额》报告（O'Connell, 2020），从全球个人时尚奢侈品的消费类别来看，服装与纺织品占27%，香水与化妆品占22%，首饰与相关配饰（腕表、鞋、包）占了51%。然而，在时尚的研究中，对首饰与相关配饰的设计与实践的关注非常有限，当然，也表现出其巨大的研究潜力。

结语

作为本书的开篇章节，本章探讨了当代设计在时尚奢侈品发展中的角色与发展潜力，更体现出了时尚研究中对首饰与相关配饰的设计研究的缺失，特别是当这个主题放入当代奢侈品语境中，设计是价值和态度的表达方法，也是指导个人和社会成员的思想和欲望的有形形式。在当代社会中，当科学技术与工艺达到一定阶段，产品和服务是否变得奢侈，其品质、独特性、艺术性和稀缺性都是通过设计来实现的，"奢侈品"因为被设计而变得奢侈，而不是因为它是奢侈品而被设计。

参考文献

ADAMS W H, 2012. On luxury. Washington: Potomac Books Inc.

ADAMSON G, 2013. The invention of craft. London: Bloomsbury.

ARMITAGE J, ROBERTS J, 2016. The spirit of luxury. Cultural Politics, 12(1):1-22.

BARTHES R, 2010. The fashion system. London: Vintage Classics.

BERRY C J, 1994. The idea of luxury: a conceptual and historical investigation. Cambridge: Cambridge University Press.

BERTHON P, PITT L, PARENT M, et al., 2009. Aesthetics and ephemerality: observing and preserving the luxury brand. California Management Review, 52(1): 45-66.

BOURDIEU P, 2010. Distinction: a social critique of the judgement of taste. London: Routledge.

CALEFATO P, 2012. Luxury: fashion, lifestyle and excess. ADARNS L, trans. London: Bloomsbury.

CHAILLE F, SPINK M, VACHAUDEZ C,et al., 2019. The Cartier collection: jewellery. Paris: Flammarion.

CHEVALIER M, MAZZALOVO G, 2012. Luxury brand management: a world of privilege. Singapore: John Wiley and Sons.

D'ARPIZIO C, 2018. Bain luxury goods worldwide market study, spring 2019.[2020-12-20]. https://www.bain.cn/news_info.php?id=946.

DUBOIS B, CZELLAR S, LAURENT G, 2005. Consumer segments based on attitudes towards luxury. Marketing Letters, 16(2): 115-128.

ELDEN S, 2011. World, engagement, temperaments// ELDEN S. Sloterdijk now. New York: John Wiley and Sons.

ENCATC, 2014. European cultural and creative luxury industries: key drivers for European jobs and growth. [2020-12-22].http://www.encatc.org.

FAIERS J, 2014. Editorial introduction. Luxury: History, Culture, Consumption, 1(1): 5-14.

FEATHERSTONE M, 2014. Luxury, consumer culture and sumptuary dynamics. Luxury: History, Culture, Consumption, 1(1): 47-69.

GIRON M, 2014. Sustainable luxury// GARDETTI M, GIRON M. Sustainable luxury and social entrepreneurship. Sheffield: Greenleaf.

KAPFERER J-N, 2015. Kapferer on luxury: how luxury brands can grow yet remain rare. London: Kogan Page.

MFG, 2019. The luxury report: the state of the industry in 2020 and beyond. [2020-12-19] https://matterofform. com/the-luxury-report.

MOOIJ M D, 2014. Global marketing and advertising: understanding cultural paradoxes. 4th edn. Thousand Oaks: SAGE Publications.

O'CONNELL L, 2020. Value share of the global personal luxury goods market in 2019, by product category. [2020-12-19].https://www.statista.com/statistics/245655/total-sales-of-the-luxury-goods-market-worldwide-by-product-category/.

OKONKWO U, 2010. Luxury online: styles, strategies, systems. London: Palgrave Macmillan.

RICCA M, ROBINS R, 2012. Meta-luxury: brands and the culture of excellence. New York: Palgrave Macmillan.

ROBERTS J, ARMITAGE J, 2015. Luxury and creativity: exploration, exploitation, or preservation. Technology Innovation Management Review, 5(7):41-49.

SILVERSTEIN M J, FISKE N, 2008. Trading up: why consumers want new luxury goods and how companies create them. London: Penguin Books.

SLOTERDIJK P, 1993. Weltfremdheit. Frankfurt: Suhrkamp.

TUNGATE M, 2009. Luxury world: the past, present and future of luxury brands. London: Kogan Page.

从奢侈品到当代时尚设计

CHAPTER

2

FUTURE & INSPIRATION

Design, Art, Craftsmanship, Material and Culture

灵感与未来

设计、时尚、首饰、材料与文化

介绍
Introduction

本章中的文章展示了时尚和首饰设计如何在各自的领域开辟新的发展路径，同时又通过交叉融合，在这两个领域之间进行各种类型的互动。如，首饰商业和创意顾问多纳泰拉·扎皮耶里解释了自1980年代以来，意大利首饰是如何在潮流和时尚中发挥决定性作用的；马德里理工大学时尚研究项目主任吉列勒莫·加西亚-巴德尔提出，无论在哪个领域，设计都是一门综合学科，它涉及多种方法，从技术到科技，从手工到概念驱动，是科学和人文知识的结合；独立策展人妮卡·玛罗宾对艺术、时尚和首饰之间的密切关系的引人注目的视觉叙事，生动地证明了来自相互关联的学科的活力；设计师、伦敦时装学院时尚制品硕士高级讲师娜奥米·菲尔默则支持学生们在艺术、工艺、设计和性能相互重叠的行业中，突破设计和时尚的界限，更深入、更动态地探索以身体作为场所去探寻新的装饰理念的方法；伦敦时装学院客座讲师玛拉·斯安帕尼提供了评估创意的方法以回应对设计师实践的质疑；Silent Goods产品总监福尔克·科克则从可持续性发展的视角提出解决材料紧缺的迫切问题；韩国国民大学教授全永日先生和东京都庭园美术馆首席策展人关绍夫先生，则侧重于诠释强大的传统工艺和传统设计与新技术和新工艺之间的关系。

在这个框架下，身份和身体仍然是时尚和首饰的核心焦点。正如娜奥米·菲尔默所说，"时尚配饰超越了装饰本身，成为表达设计思维和生活方式的关键。"设计师、伦敦时装学院鞋具硕士项目的负责人伊尔科·摩尔在他的文章中展示了鞋具设计的实践如何成为设计中批判性思维的工具。IFM法国巴黎时装学院副教授艾米丽·哈曼、美国明尼苏达大学荣誉教授宝拉·拉比诺维茨和罗马第三大学教授克里斯蒂娜·乔塞利的三篇文章分别从文学、电影和其他图像中的象征意义展示时尚和配饰在日常生活中的力量，探讨了在历史上时尚和配饰被用于身体和个人在社会中的定位的现象。最后，设计师、德国普福尔茨海姆应用技术大学教授克里斯蒂娜·卢德克解释到，"首饰、配饰和时尚的制作和佩戴是如何放大身体和自我的——无论是物质的还是非物质的：身体提供了'语境'，身体也就是'语境'。"

身体是首饰和时尚的核心"语境"，我们需要知道什么是身体。在此之前，我将简要概述一下时尚和首饰与身体之间的历史关系：身体是物质文化和象征体系的主要对象。钻石是永恒的，而时尚是多变的。这两种说法指的是在奢侈品领域，首饰和时尚有着天壤之别，然而，作为人类日常使用的产品，主流首饰和时尚又有很多共同之处。衣服、配饰和首饰，这些物品都位于身体之上并与其直接接触，都为身体提供了一些功能上或交流上的延伸，通过这种方式，它们构成了我们现代生活中的日常装备（Farren & Hutchinson, 2004），是当代社会不可或缺的物品。这些非常私人的物品同时也是表达个人身份和社会身份，保障日常工作运转的主要手段。

在20世纪，首饰和配饰变得重要的原因是由于西方主流日常服饰逐渐演变成宽松上衣、衬衫或T恤与裤子搭配的制服，在西方文化中男女都穿黑色、蓝色、灰色和白色，颜色范围比较有限。较有代表性的女性服装是由嘉柏丽尔·香奈儿（Gabrielle Chanel）在1926年推出的小黑裙或黑色小礼服，容易穿脱，无论是在正式场合还是非正式场合都必不可少。配饰和首饰就成为一个人着装的独特元素，并由此延伸到社会身份。到今天，首饰和配饰已经成为社交媒体上的当代话题，人们在网络上展示、炫耀他们购买和佩戴的饰品。

在过去的30年里，配饰为不同档次的品牌带来了最多的收入，在曾经被认为是必不可少的服装和被认为是次要的配饰之间，市场销售已经逐渐倾向配饰。现在，首饰在时装秀和街头表演中已不可或缺（Evans, 2007; Brand & Teunissen, 2007; Fischer, 2013），通过积极的营销，首饰和配饰已经成为扩展品牌信息的一种方式，作为令人垂涎的"必备品"出售给受众。

21世纪的信息技术发展对配饰的作用产生了巨大的影响。在这个信息时刻互联互通，强调移动性和时效性的时代，可穿戴设备和互联产品（手机、耳机、iPod、电脑、平板电脑等）已经成为当代"超现代"人类不可或缺的装备（Augé, 1995; Bolton, 2002）。年轻一代和年长一代已经完全接受了时尚中的装备文化，包括配饰和可穿戴设备：移动设备始终放在手边，作为主人身份的延伸，它们是我们社交自我的"储藏室"，保存着我们所有的联系方式、照片、信息和个人时间表；每天的穿搭配备了21世纪的"通用项链"——连接耳机和便携式电子产品的精美白色电缆。专门从事计算机外围设备开发的瑞士罗技公司（Logitech）的工程师们发现，如今的挑战是给客户提供一件配饰，而不仅仅是提供一件可穿戴设备[1]。可穿戴设备的设计重点已经转移到作为时尚装备一部分上，而这类产品必要的美学设计、功能和人体工程学仍然相对落后。正如将眼镜从医疗必需品转变为时尚配饰的过程一样，这场革命是通过拥抱时尚界的设计文化而实现的（Pullin, 2009）。

因此，在当代时尚中，首饰和配饰不仅仅是服装和身体的装饰品，而是人类日常装备中最必要的物品。正如克里斯蒂娜·乔塞利提到的德里达（Derrida）关于饰品的补充性和必要性的观点，为配饰在当代服饰中以及对于人的作用提供了一个系统的解释，配饰作为一件填补了空缺的人工制品，使个体变得真正完整（Giorcelli, 2011）。

德里达从康德（Kant）的《判断力的批判》（*Critique of Judgement*）中推导出他的"配饰"（parergon）和"作品"（ergon）的概念，康德在其中讨论了相框和希腊雕像的帷幕作为配饰的例子。对康德来说，图画（即作品）只有在装裱好之后才成为图画（画框为配饰），正如希腊雕像（即作品）需要帷幕（即配饰）才能被视为雕像一样。这样，配饰对作为一个整体的作品的存在有明确的影响。"换句话说，虽然配饰是一个附属品，但它会影响作品。更重要的是，为了让配饰存在，作品必须缺少某些东西。无论是内在的还是外在的，既不是多余的也不是必要的，因此，配饰对于当代人在社会中的表现来说几乎是不可或缺的。"（Giorcelli, 2011）

33

当代人今天缺少什么，是如何不完整的？人类进化为永久性的两足动物，我们的脚和手获得了不同的功能：我们的脚提供了稳定性和运动能力，而我们的手则擅长材料和工具的操作（Warnier, 1999）。有人认为，对装备的需求（即个人用于特定活动所需的任何物体／工具）源于这种独特的进化，从很久以前人类就已经把人工制品作为日常生活中不可或缺的一部分。

在20世纪末，在以对功能和互联技术的迷恋为主导的超现代背景下，我们的身体被认为是不完美的，需要对其进行增强，削弱衰老或疾病的迹象和影响，使人类能活得更久。比如：按体育竞赛的准则设计的运动服可以用来提高运动表现；为科学考察设计的针对北极、沙漠、海洋深处、外太空等极端条件的功能性服装；从风扇、帽子、口罩、防护服，到监测我们健康和行踪的电子设备，人类不断需要新的装备来应对全球气候变暖和流行病。如今，设计师需要以这个不完美的身体作为标准，跨越时

---

1. 来自2016年与罗技公司产品开发和技术战略工程师让-米歇尔·查顿（Jean-Michel Chardon）的谈话。

间和空间，以适应在全球的城市生活。他们被要求创造"实用的、功能性的服装，既要能方便身体移动，又要能躲避恶劣天气以及交通噪声和污染；既要能防止街头犯罪的肉体保护，还要防止路人的窥视和摄像机的监视。超现代服装的设计师们还结合了可穿戴电子设备，希望能够设计出实现这些功能的高性能运动服和军装。超现代服装提出这样一种理念，即我们可以预见所有突发事件，而我们的服装是完整的且功能齐全的。"（Bolton, 2002）

人类已经不仅仅是在日常活动中使用人工制品的两足动物，近年来，有了互联的电子设备和可穿戴设备，使得人类的自我变得无处不在，我们的身体停留在一个地方，而我们的思想却被技术的奇迹带到了别处。我们可以坐在办公椅或客厅沙发上，与世界另一端的人互动。我们似乎生活在一个速度时代：信息的速度、旅行的速度飞快……然而，自相矛盾的是，我们大部分时间都坐在座位上，事实上，我们比以往任何时候都更容易成为久坐不动的人，我们的思想与身体脱节。此外，我们的时尚文化强加了一个理想化的、越来越脱离现实的自我形象，在我们周围的无数屏幕中支离破碎。尽管非物质的维度占据当今世界的很大一部分，但我们仍然是物质上的人类，为了克服我们的身体缺陷，个人设备已经变得至关重要，人类变得更加依赖身体上的配饰、装备、材料和设计文化，从而提供我们在现实和虚拟生活中的媒介。

伊丽莎白·菲舍尔

Elizabeth FISCHER

瑞士日内瓦艺术设计学院教授，时尚与首饰系主任

参考文献

AUGÉ M, 1995. Non-places: introduction to an anthropology of supermodernity. London: Verso: 35-36.

BOLTON A, 2002. The supermodern wardrobe. London: V&A: 7.

BRAND J, TEUNISSEN J, 2007. Fashion and accessories. Arnhem: ArtEZ-Press.

DERRIDA J, 1987. The truth in painting. BENNINGTON G, MCLEOD I, trans. Chicago: University of Chicago Press: 53-56.

EVANS C, 2007. Fashion at the edge: spectacle, modernity and deathliness. 2nd ed. London: Yale University Press: 231-233.

FARREN A, HUTCHINSON A, 2004. Cyborgs, new technology and the body: the changing nature of garments. Fashion Theory, 8(4): 464.

FISCHER E, 2013. The accessorized ape// SKINNER D. Contemporary jewellery in perspective. New York: Lark and Art Jewelry Forum: 202-208.

GIORCELLI C, 2011. Accessorizing the modern(ist) body// GIORCELLI C, RABINOWITZ P. Accessorizing the body: habits of being I. Minneapolis: University of Minnesota Press: 3-4.

PULLIN G, 2009. Design meets disability. Cambridge: MIT Press.

WARNIER J-P, 1999. Construire la culture matérielle: L'homme qui pensait avec ses doigts. Paris: Presses universitaires de France.

35

首饰与时尚
艺术、设计和工艺缔造之间的天然纽带

Jewellery and Fashion
Their Intrinsic Bond through Art, Design and Savoir-faire

多纳泰拉·扎皮耶里
Donatella ZAPPIERI
意大利珠宝首饰和时尚奢侈品战略顾问

首饰在时尚界的地位

从历史而言,首饰一直都是财富和地位的象征。随着社会与文明的发展,在现当代,首饰的含义与类别不断外延,逐渐成为自我表达的一种手段,一种身份象征的标识,除了可以有多种表象影响的象征,还具有多种内在含义的解读。

如今,首饰的概念已经超越了自身的原有语义:首饰是一种可以佩戴、欣赏、装饰、传承和崇拜的,与人的身体相关的物品,既存在物质上的价值,同时也具备精神、文化、社会等价值。首饰外在形态的多样性之所以成为可能,不仅是由于现代社会的文化变迁,还有材料和技术上的创新,而这种多样性可以呈现出复杂的创造形式和对美学的要求。首饰在时尚界占有重要的地位,本文将回顾1980年代以来主要起源于意大利,同时又产生重大国际影响的不同潮流趋势。所有这些潮流趋势都源于不同生活方式、习惯和行为在特定社会文化中的变化,在熟练工匠和首饰品牌的支持下,它们能够诠释不同概念,并赋予美丽的首饰以生命,进而影响国际市场。

在意大利,珠宝与首饰界延续着独特的手工艺与制造传统,拥有历史文化的优势和精湛的制造能力,使设计师与产品开发者或者工匠之间在整个研发过程中建立起紧密而稳固的联系。意大利有五个重要的珠宝区,每个区都专门从事特定的生产技术与工艺,它们分别是瓦伦扎(Valenza)、阿雷佐(Arezzo)、佛罗伦萨(Firenze)、维琴察(Vicenza)和那不勒斯(Naples)。

从意大利雕塑家、金银工艺大师本韦努托·切利尼(Benvenuto Cellini)于16世纪上半叶发明失蜡法至今,各种首饰制作工艺沿用精妙的古老制作方法,同时引入当今先进技术,从而完美地呈现设计师和艺术家的畅想。这些工艺不会影响设计过程的纯粹性,而是表达设计师希望传达的美学观念和想法的重要手段,这就是"意大利制造"首饰的特点——通过精妙工艺将畅想变成实物,重新在创造与制作之间建立起无间联系。

1980 年代的总体背景

1980年代的潮流趋势

在欧洲，从社会文化的角度来看，1980年代是代表了"给我" (gimme) 的十年1，这是一个没有限制的、过分丰富的时代，那些"真正"工作的人每天工作12个小时来构建自己的职业生涯，为此他们需要合适的搭配和装扮才能在社交关系中显得穿着"得体"。这是"雅皮士" (Yuppies) 一词被创造的十年，也是由《朱门恩怨》 (Dallas) 和《豪门恩怨》 (Dynasty) 电视剧里出现的盛装所定义的时代。这十年里，乔治·阿玛尼 (Giorgio Armani) 这样的时装设计师通过为职业女性创造了全新的造型而大受欢迎，他从男装中汲取灵感，以高领和明显的肩部设计为经典女性职业装提供了新的诠释；让·保罗·高缇耶 (Jean Paul Gautier) 因为"女神"麦当娜 (Madonna) 在全球巡演中设计和搭配服装而声名鹊起；三宅一生 (Issey Miyake)、山本耀司 (Yohji Yamamoto) 和川久保玲 (Rei Kawakubo) 等亚洲设计师也在同时期因为不同的事件而闻名世界；罗密欧·吉利 (Romeo Gigli) 表现出一种极富诗意的时尚态度；詹弗兰科·费雷 (Gianfranco Ferré) 开始为法国时装设计品牌迪奥工作；而另一位意大利人弗兰科·莫斯基诺 (Franco Moschino) 则因其对潮流趋势的不恭态度以及对大品牌的嘲讽而脱颖而出。

1984—1989 年，黄金"热潮"

现代首饰已经从仅使用珍珠、宝石为材料制作高级珠宝首饰的传统时代，逐步发展到了一个新的审美和工业化时代，现代首饰的产业化延续了从传统创造性作品中汲取的珠宝制作工艺，为工厂化生产开辟了新的视野和路径。这个时期的标志是卡洛·温格尔 (Carlo Weingrill) 设计的帕皮隆项链 (Papillon Necklace)，它完美地诠释了首饰制作的传统技术和审美精神，代表了黄金工艺中的精湛工艺，并向多年的工业发展致敬，为当时的产品和工艺升级带来了创新。

在1980年代，意大利珠宝制造商用精湛的生产工艺制造纯金首饰。黄金链条，无论是基础款还是工业批量生产的，均以精致的、复杂的视觉形式呈现出来。经典链条的线条也变得更加曲线化，给首饰增加了温暖和感性的氛围，重量合理又易于佩戴。有别于工业化的生产，相对独立的首饰创作者的复兴是在生产金链的机器制造出来之后，在新技术的支持下进行的，这个时期的首饰结合了独特的个人风格的表达和能够深入研究的精巧设计，这样的融合是由产品和工艺制造的创新所共同实现的。

1. 德·拉扎里 (De Lazzari) 最初的广告照片
2. 帕斯考拉·布鲁尼 (Pasquale Bruni) 最初的广告照片
3. 恰帕斯山 (Chiampesan) 最初的广告照片

这一时期，宝曼兰朵 (Pomellato) 推出了"朗德尔"项链 (Rondelle Necklace)，项链上的圆环可以自由移动，从而产生"套索式"的设计效果。链条和网格阵列的新技术提供了更多元有趣的、可变的线条，例如卡洛·温格尔公司和恰帕斯山 (Chiampesan) 的合作作品里，纯净简单的金管链条和特色链环就让人眼前一亮。罗伯特·蔻琅 (Roberto Coin) 以其扭曲的金属线造型而与众不同。宝格丽 (BVLGARI) 则因由卡洛·温格尔提出的"煤气管" (Tubogas) 标志进一步发展和呈现出了新的品牌风格。除了创新的产品外，

首饰与时尚：艺术、设计和工艺缔造之间的天然纽带

---

1. 流传最广的"给我"是1979年由ABBA演唱的歌曲《给我吧》(Gimme! Gimme! Gimme!)。

1

40

2

3

4

1. 由黄金制成的"朗德尔"项链, 有独特的隐藏式扣环
2. 罗伯特·蔻珉的经典拉制管材首饰
3. 布契拉提 (Buccellati) 的全套首饰
4. 卡洛·温格尔设计的扁平管状项链, 有三种金色

也得益于强有力的营销活动，德·拉扎里 (De Lazzari) 推出了"奥罗阿多索"（Oro Addosso）系列产品和活动，通过宣传不断向大众强化其设计理念，很快获得了广泛认可和关注。简单的黄金首饰设计由此演变成一个极具创新色彩的材料"组合游戏"。

1990 年代的总体背景

1990年代的潮流趋势

41

1990年代的时代标志是"极简主义"的回归，也可以看作是对上一个十年即1980年代的过度魅力四射的回应，对简洁实用、真理和新价值观的渴望逐渐呈现出来。波斯湾战争等重大全球事件暂缓了经济消费，人们开始明白，狂野的金色1980年代后将过渡到一段时期的相对克制。消费下降，失业率达到历史新高，贸易危机蔓延到世界各地，1990年代是完全不同的年代。这一时期，座右铭"少即是多"（Less is More）广为流传。拉尔夫·劳伦 (Ralph Lauren)、卡尔文·克莱恩 (Calvin Klein) 和唐娜·卡伦 (Donna Karan) 等美国设计师的设计专注于感官享受和简约的风格，因简洁的时尚而闻名。1992年，卡尔·拉格斐 (Karl Lagerfeld) 向《当代》(*Contemporaine*) 杂志宣称，"真正的奢侈品就藏在内衬里"，这也暗示了在并非简单，而是简约设计背后隐藏着的低调的丰富。在1990年代的后半段，时尚领域的标志性事件是顶级模特拥有了"至高无上"的地位：性感、有趣、充满活力的缪斯女神们传达了欲望和活力。詹尼·范思哲 (Gianni Versace) 是第一个意识到模特展示力量的设计师，在他的秀场只用顶级模特，通过这些时装秀台上的"明星"来体现其时尚的魅力并强化视觉感官的享受。

1990—1994 年，首饰设计与"少即是多"的理念

在1990年代早期，很多首饰品牌认为有必要创造新的形式，进一步增强其时尚与创新的形象。一些设计师创作出了优雅的首饰，为突破经典戒指造型提供了新方法，也尝试创造出一些代表未来的标志和象征。如，宝曼兰朵设计的米勒·费迪（Mille Fedi）戒指，将珍贵的材料和大胆的设计结合，成为时间、美学、哲学的完美化身。同时由于它自身设计的可变性，这个戒指非常有趣，多个戒指的精心套叠、穿插创造了迷人的线条和空间感受。

这一时期，多年积累的风格演变也带来了宝石切割工艺的新尝试（包括钻石和半宝石），后来这种演变也成为黄金首饰生产不可或缺的工艺和元素。如，宝曼兰朵推出的"拜占庭"（Byzantium）系列和后来的"马赛克"（Mosaic）系列作品，蛋面切割的半宝石直接用金属边包裹固定，这也许是对传统珠宝工艺和审美的挑战，但此后这些系列作品获得了巨大成功，创造并影响了黄金珠宝首饰与宝石镶嵌结合的新方式。

1990年代，也是色彩激发了设计美学的年代。对色彩诠释的追求催生了新百格公司（Nouvelle Bague），这家位于意大利佛罗伦萨的公司因其对冷珐琅技术的再开发和使用而闻名，通过技术的创新，创造出了新的珐琅表现形式，在传承与创新之间也保留了微妙的时代更迭。

1995—1999 年，铂金成为全新的挑战

铂金是世界上最珍贵的金属之一，其性质稳定，但加工难度高，成为1990年代后半期的工业首饰制造的新挑战，被尝试设计应用于新样式和风格中。许多珠宝公司顺应了这个潮流趋势，并开始用这种极具挑战性的贵金属材料创造新的形状和新的色调。如，莫尼耶（Monile）的创始人阿尔多·阿拉塔（Aldo Arata）创作的"光与影"（Luci e Ombre）套装于1996年获得了国际大奖。这套首饰由一串抛光的铂金模块组成，每个模块嵌入一颗钻石，流线型的造型可以闭合形成一个椭圆形，在当时，这是对铂金首饰的一大创新。

1

2

3

4

5

1. 宝曼兰朵的米勒·费迪戒指
2. 新百格的"印度"(Indian)系列
3. 新百格的"大都会"(Metropolitan)系列
4. 宝曼兰朵"拜占庭"系列, 黄金和石榴石
5. 宝曼兰朵"马赛克"系列, 黄金和电气石

首饰与时尚：艺术、设计和工艺缔造之间的天然纽带

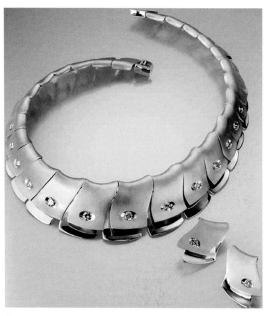

1. 阿尔多·阿拉塔的"光与影"套装
2. "都都"的幸运吊坠
3. 雷卡洛锁骨链
4/5. 弗拉特里·梅内加蒂的纯银个性戒指

1

3

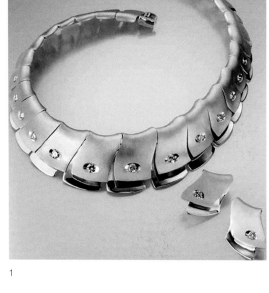

2

4

5

这种"白色"金属的流行也引发了925纯银首饰的快速发展。事实上，与黄金相比，银具有更强的塑形能力，重量限制更少，且价格较低，为工业化生产提供了更多的空间。如，弗拉特里·梅内加蒂（Fratelli Menegatti）用银创造了具有体积感的系列首饰，挑战了新的形状界限。

1990年代后期，关于时尚和首饰极简主义的言论广为流传，标志着对过去时尚首饰极度奢华的反对和思考。一些设计师非常推崇这种极简主义，如雷卡洛（Recarlo）的锁骨链就是优雅简约的经典案例：一根半刚性的链条，上面镶着一排闪亮的钻石。宝曼兰朵推出的姊妹品牌"都都"（DODO）进一步证明了这一极简趋势，"都都"推出的"幸运吊坠"（Lucky Charm）系列，每个小吊坠仅由一克黄金打造，但却包含了"极简主义"审美的附加价值。"都都"还推出一系列可爱的小动物和字母吊坠，吊坠是表面经过处理的925银材质，非常具有特色。

2000 年，"新千年"的总体背景

新千年的潮流趋势

新千年伊始，世界为"千年虫"（Y2K，计算机2000年问题）并没有摧毁地球而欢欣鼓舞。然而，2001年双子塔和五角大楼遭受恐怖袭击在全世界范围内产生了巨大冲击，给一代人留下了永久的心理伤疤，并引发了一系列持续至今的全球性恐怖主义袭击。联合部队对伊拉克发动军事行动，开始了伊拉克战争的第一阶段。此外，自经济大萧条以来最严重的全球金融危机，也大面积影响了几乎每个国家，并使世界经济陷入低迷。

当巴拉克·奥巴马（Barak Obama）成为美国历史上第一位非裔美国总统时，重新开启了关于种族平等的对话，很快关于性别平等的"声音"也随之而来：各种倾向者和支持者要求结婚和不受歧视的权利，同性恋、双性恋和跨性别者的平权运动得到了前所未有的社会认同。

这十年间的文化偶像是四位独立的单身女性：《欲望都市》（*Sex & The City*）里魅力激情四射的时尚达人，她们教会了一代女性即使没有伴侣也要尽情享受生活。精心布置的衣柜，在提高现代女性日常生活对高级时尚的认知方面发挥了重要的教育作用，并推动了许多时尚品牌的发展。这些品牌从杂志到T台，以及电视屏幕和其他地方，一直持续占据着市场和大众的眼球。电影《穿普拉达的女王》（*The Devil Wears Prada*）大获成功，内容间接揭示了时尚行业具有吸引力的积极一面，也影射了其黑暗的一面。尽管如此，这部电影依旧进一步强调了时尚行业的社会重要性，也体现了杂志编辑作为时尚重要的"喉舌"在当时所拥有的权力。

2000—2004 年，彩色宝石在首饰中的应用

在新千年的最初几年，首饰变得更具雕塑感，镶嵌也极其精致，就好像石头没有任何金属框架就在空气中悬浮了起来。当时的标志性作品是沃涅（Vhernier）创作的，由铂金、钻石、珍珠母贝和水晶制作而成的毛毛虫胸针（Caterpillar Brooch）。作为一件无可争议的艺术品，这件作品是精雕细琢的首饰工艺的产物，石头被雕刻成一个整体，创造出平滑透明的效果和连绵起伏的形状，给胸针增添了体量感和光彩。

然而，随着消费者逐渐转变对首饰的看法和态度，21世纪的首饰消费迎来了根本性的变化：消费者不再是为了购买永恒的保值首饰和商品，而是为了自我表达和个性彰显而购买首饰，他们期望借首饰展现身份和时尚观念。随着弗

沃涅的毛毛虫胸针

朗哥·皮亚诺贡达 (Franco Pianegonda) 的首个925纯银系列作品的推出，对传统珠宝首饰产业产生了巨大的影响，并引发了变革。当他被问及自己设计的银首饰的成功时，弗朗哥说："我创造了新的思潮。"

2001年和2002年迎来了一系列新的趋势，并引入了一种使用彩色宝石钉镶的风格样式，该样式的最初灵感来源于20世纪初野兽派画家的艺术作品，如尚特克勒 (Chantecler) 的"烟火" (Fireworks) 系列以及罗伯特·蔻琨 (Roberto Coin) 的"幻想曲" (Fantasia) 系列。沃涅更是革新了石头切割的工艺，"动物题材雕刻家" (Animalier) 系列以一系列生动活泼的动物为主题，将彩色宝石雕刻成动物的主形体。这一时期的主要趋势就是出色的色彩创造力，而这一趋势也对工艺和新技术产生巨大推动。

1

2

3

48

4

5

1. 尚特克勒的"烟火"系列
2. 宝曼兰朵的经典彩色（Nudo）系列
3. 罗伯特·蔻珉的"幻想曲"系列
4. 弗朗哥·皮亚诺贡达的首个925纯银系列
5. 沃涅的"动物题材雕刻家"系列，
　　每个都是由一整块宝石雕刻而成

2005—2009 年，首饰与时尚的全新融合

2005—2009年是首饰与时尚相互纠缠的五年。富有幽默感的首饰设计以独特的色彩（新电镀色调）脱颖而出，如玫瑰金色，突破了大胆的宝石颜色组合的界限。首饰的形状变得更柔软，链条变得更细，重新引入了水滴形切割的宝石，宝石通常仅附在一侧，有时附在金属网上以保持流动性。沿着这波新的趋势，首饰变得不那么僵硬，更能适应和符合人体的运动和佩戴。

从上一代传承下来的传统珠宝工艺技术也开始被创新地用于实践中，例如雕刻工艺和"吉他弦"（Guitar String）工艺。传统的工艺在马可·比塞哥（Marco Bicego）的作品中可以找到当代的诠释，他们遵循传统，采用了一种可以追溯到15世纪早期的工艺，是中世纪金匠所使用的方法的延展。这一时期，首饰的形状和风格多样多彩，让时尚界"眼前一亮"，打破了首饰和时尚过去的格局，工艺的传承和设计的创新发掘出了新的审美和可穿戴性，马可·比塞哥的"西维利亚"（Siviglia）系列标志性手镯体现了所有这些趋势。该品牌以"意大利制造"的理念为傲，用切割精美的半宝石打造出质地轻盈、色调柔和的珍贵珠宝首饰。

在这十年中，因为首饰更加注重时尚的表达，再加上金属制作工艺经历了进一步的飞跃，新技术能够对金属表面进行"处理"，赋予金属更有纹理和质感，且更加精致的外观和视觉表现。如，马蒂亚·西洛（Mattia Cielo）的设计使用新工艺技术的处理，推出了"毛虫"（Bruco/Caterpillar）和"犰狳"（Armadillo）系列作品，这两个系列的每件作品均以符合人体工程学的"弹性佩戴"为特色：首饰能够随着人体运动而变化。

这一时期的创新和技术趋势的演变也源于在首饰领域引入了以前仅用于其他领域的材料，如，在沃涅的马蹄莲（Calla）项链中和宝曼兰朵的维多利亚（Victoria）项链中使用的乌木，宝曼兰朵的"探戈"（Tango）系列中使用的黑玉等。这些"新"材料打破了过去首饰以贵金属和宝石为主要材料的传统，是工业首饰行业在随后几年里发生重要创新和转变的早期迹象。

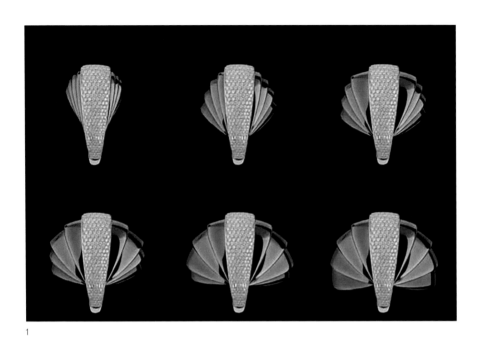

1

2

3

4

1. 马蒂亚·西洛的"犰狳"(Armadillo) 系列手镯
2. 帕斯考拉·布鲁尼的吉尔兰达 (Ghirlanda) 项链
3/4. 马可·比塞哥的"天堂"系列'

6

5

7

8

9

5. 马可·比塞哥的"西维利亚"系列手镯
6. 宝曼兰朵的经典彩色（Nudo）系列
7. 用乌木和黄金制成的沃涅的马蹄莲项链
8. 宝曼兰朵的"探戈"系列
9. 以乌木为特色的宝曼兰朵的维多利亚项链

近十年的总体背景

近十年的潮流趋势

近十年的变化始于"阿拉伯之春",2010年,中东和北非发生了一系列反政府抗议和斗争,最终导致欧洲各地的恐怖袭击和示威游行,标志着一个充满不确定性和经济动荡的时代的到来。在美国,特朗普(Donald Trump)当选总统时,一场巨大的政治变革开始了,他的执政理念与欧美国家主流经济体的价值观形成了鲜明对比。

随着AR和VR技术渗透到当代社会的各个领域,沉浸在技术中的一代消费者现在可以从现实世界无缝过渡到虚拟世界,互联网是核心,网上购物正在增长。快时尚公司敦促消费者不断购买,但随着生产透明化、可持续发展和循环经济理念的普及,快时尚公司不得不重新考虑这种消费行为对全球环境的负面影响。

随着在不同国家相距甚远的消费者可以通过共享的社交媒体平台和网上购物而走到一起,世界变得更加全球化和平面化,同时也打开了新兴客户市场。例如,中国日益增长的繁荣经济和巨大的消费市场主导着全球时尚与首饰的零售业;中东地区被称为"M世代"(M Generation)的直言不讳、获得解放的年轻穆斯林妇女,大声疾呼要求平等,并随之带来了购买力以及她们的习俗和品位,时尚现在变得更加具包容性。安妮莎·哈西布安(Anniesa Hasibuan)在2017年首次主办了"全头巾"(Allhijab)时装秀,这是体现时尚如何反映地域小众文化变迁的一个例子。

2010—2018 年, 设计新视野与新价值的出现

马蒂亚·西洛的钛手镯"冰"(Ghiaccio)于2010年获得在拉斯维加斯举行的高级定制设计奖最佳钻石首饰奖,标志着新技术、新工艺和创新设计的融合,这创造出了独特的造型和焕然一新的首饰。

"冰"手镯由激光切割钛制成,采用特殊的冷熔工艺,视觉中心展示了钉镶钻石。钛金属因其在航空航天和汽车技术中的应用而闻名,它将偏心形状的可能性与轻便的舒适性结合在了一起。马蒂亚·西洛的所有系列蕴含固有的现代奢华理念和当代设计,这些体现在该产品可以成为佩戴者身体和个性的表达方式上,而不是体现在其中珍贵材料的成本上。

近十年还有很多有待发现,就趋势而言,这是一个充满截然不同的对比的时期,遵循的是个人品位喜好而非普遍共识。众多丰富的产品涵盖了女性和男性生活的各个阶段,使风格选择与个人生活方式和着装品位相一致。当然,浪漫主义又再次回归了,充满了花卉、水果和"动物题材雕刻家"的概念,但却被诠释得非常柔和。每件作品的设计都很精致,充满奇思异想,细节丰富,工艺精湛。

大面积的白色镶钻,体量较大且基本都是经典的图案排布,如,雷卡洛的卢克雷西亚(Lucrezia)十字架项链,其重量经过慎重的考虑,以中空的设计为主,一方面保障佩戴舒适,另一方面平衡材料的用量成本不致过于昂贵。玳美雅(Damiani)推出的"玳美雅西玛"(Damianissima)系列,是为专门庆祝其创立90周年而设计。尚特克勒则设计出一系列带有镂空字体的标志性耳环,成为优雅和精致的代名词。

另一个变化是在首饰作品里呈现设计师的独立风格和思想。如,马蒂亚·西洛的"鲁格达"(Rugiada)系列为这种艺术方法树立了一个成功案例,从2009年开始,她的作品开始形成强烈的个人风格,大胆的挑战、侵略性的形式和摇滚的表达,成为社会媒体、时尚杂志和T台上彰显"女战士"品位的符号。再如雷波西(Repossi)推出了柏柏尔(Berbère)指骨戒指和穿孔系列,而罗伯

1

2

3

4

1. 马蒂亚·西洛的钛手镯"冰"
2. 玳美雅的"玳美西玛"系列项链
3. 尚特克勒的镂空字体耳环
4. 用铂金和钻石制成的雷卡洛的卢克雷西亚十字架项链

特·蔻琅以超凡脱俗的奢华设计风格著称，以"动物题材雕刻家"为主题设计了一系列形式多样的镶嵌着宝石的戒指和手镯。

近年来，新锐设计师的出现带来了行业创新的力量，他们运用新技术和前卫的设计理念，融合了不规则和几何、人工和自然、真实和虚拟的混合理念，当代艺术与设计的交叉，甚至完全解构了大众对首饰的认知。

现代首饰设计可以用完全数字化或手工艺术的方法来进行构思，用传统的或高科技的材料（无论是昂贵的还是低成本的）来进行制作，其结果会呈现出独特且越来越令人惊讶的作品，不断颠覆着传统的认知。例如，保拉·沃尔皮（Paola Volpi）的作品利用电铸技术，设计了一系列独一无二的首饰作品。"传统首饰设计师对宝石着迷，而我迷恋尝试新的工业材料来诠释奢华。"她说，"去找电缆生产商而不是珠宝商给我提供材料，对我来说是一次很神奇的经历。"除了作为职业珠宝首饰设计师的背景之外，她还拥有扎实的艺术和文化修养，特别是对概念艺术（Arte Povera）运动的坚持，以及她令人惊叹的手工艺技术2。

基于3D打印技术、激光烧结和手工精加工技术，马努干达（Manuganda）的创作才得以完全实现。这位艺术家用橡胶、不锈钢、钛和尼龙等材料，在"新首饰"的道路上不断探索，她的作品注重对造型的追求，并因其当代审美风格和精美的材料表现相融合而著称。

"首饰形状"（Jewelshape）系列源自设计师奥林匹亚·阿维塔（Olimpia Aveta）和比阿特丽斯·比亚吉（Beatriz Biagi）的共同创作，旨在推动首饰艺术创作并将其进一步带入当代艺术的视野。他们基于对可穿戴设计的理论研究，展现了将制造传统与现代数字技术相结合的新一轮工艺的巨大潜力。这些作品主要由镀色的银以及装饰有定制图案的烧结尼龙制成。

首饰一直处于艺术、设计、时尚、传统工艺和新技术之间至关重要的十字路口。一方面，它是一种艺术，具有崇高的超越性和表现性；另一方面，它是一

2. 负责内务的克里斯蒂娜·莫罗齐（Cristina Morozzi）如此评价保拉·沃尔皮。

1

2

3

4

1. 罗伯特·蔻珉的限量版"狮子"戒指
2. 罗伯特·蔻珉的"蝎子"手镯
3. 雷波西的"柏柏尔"系列
4. 马蒂亚·西洛的"鲁格达"系列

5

6

7

8

5. 马努干达的"菲安玛"(Fiamma) 系列，用戒指和珍珠模仿一个拥抱
6. 马努干达的"当代珍宝: 管"(Contemporary Treasure: Tube) 系列
7. 保拉·沃尔皮的"风"(Wind) 系列，3D打印创作而成
8. 保拉·沃尔皮的"海绵"(Sponges) 系列，通过电铸技术实现

首饰与时尚：艺术、设计和工艺缔造之间的天然纽带

1

2

1/2. "首饰形状"（Jewelshape）系列

种时尚形式，具有不断变化的季节性和潮流性。首饰的发展在其挑战新材料和采用新技术的过程中不断发现新的概念和思想，正如罗兰·巴特 (Roland Barthes) 针对时尚首饰的说法："它已不再依赖贵金属的力量，而是由设计赋予其价值。"(Barthes, 2006) 虽然大多精美作品的工艺都源自古老的技术和熟练的手工工艺，但如何进一步增强首饰设计与艺术创作的附加值依旧是一个耐人寻味的议题。

首饰始终与每个时代特定的时尚趋势发展齐头并进。作为经济增长和品牌认同的重要载体，它在时尚领域的重要性日渐提升。从贝恩公司为意大利奢侈品协会阿尔塔伽马(Altagamma)所做的最新研究来看，从2016年到2017年，首饰的销售额增长了24% (Bain & Company, 2018)，已经不再仅仅是一种配饰，它在与当代时尚和时装的共生关系中占据着举足轻重的地位。

参考文献

BAIN & COMPANY, 2018. Worldwide luxury market monitor. Milan: Fondazione Altagamma.
BARTHES R, 2006. The language of fashion. Oxford: Berg Publishers.

从建筑到时尚
概念是设计最为重要的部分！

From Architecture to Fashion
Design is all about Ideas

吉列勒莫·加西亚-巴德尔
Guillermo GARCIA-BADELL
西班牙马德里理工大学教授, 马德里高等时尚设计中心主任

梅赛德斯·罗德里格斯
Mercedes RODRIGUEZ
马德里高等时尚设计中心副主任

就像我们会去区分不同的艺术时期（哥特时期、文艺复兴时期、巴洛克时期、古典时期、现代等）那样，我们习惯将设计划分成不同的设计学科（如工业设计、建筑设计、产品设计、首饰设计、服装设计等）。此外，当我们将工艺与设计混为一谈时，我们甚至还会区分概念艺术和形象艺术。本文的主要目的是阐明概念和思想观念在所有形式的创造活动中的重要性，并解释手工艺者和设计师之间的根本区别。实际上，设计师不仅要处理工艺技术问题，而且要特别处理思想观念的表达（这将引导他们进行创新）。从这个意义上讲，马德里理工大学马德里高等时尚设计中心（The Centro Superior de Diseño de Moda de Madrid of the Universidad Politécnica de Madrid, CSDMM-UPM）在教学中始终将设计作为一门整体性的学科来关注，这就需要艺术、技术、工艺、科学和人文主义的共同支持。

61

引言

"在观念艺术中，想法或概念是作品中最重要的部分。当艺术家创造一种观念性的艺术形式时，这意味着所有的计划和决策都是事先制定的，其执行只是为了收尾和完成作品而做的工作。思想和观念是创造艺术的源泉。"

根据维基百科的定义，只有在"观念艺术、概念艺术"（conceptual art）里"概念"才是艺术作品的重要元素。然而，即使在最原始的艺术形式中（比如当我们的祖先在洞穴中作画时），交流思想和表达观念甚至比结果本身更为重要。

因此，本文的目的是解释"概念"在任何一种创造性的学科中的重要性，以说明马德里高等时尚设计中心（CSDMM-UPM）现有的一些作品可以作为概念指导设计过程及传播和展示的实际案例。因此，本文将回顾一些有关艺术创作的经典案例，以说明概念、观念和创新思想在设计中的重要性。最后将用一些学生作品的例子来阐述它对创造性教学的价值。

"非观念" 艺术曾经存在过吗?

在当代艺术形式中很容易识别观念的存在。想想当今一些较知名的艺术家，他们总是关注每件作品背后的思想。例如，达明·赫斯特 (Damin Hirst) 无疑将他的作品与生死的概念，以及人类如何面对死亡的思考联系在了一起。赫斯特将他最有名的作品之一命名为 "生者对死者无动于衷" (*The Physical Impossibility of Death in the Mind of Someone Living*)，由保存在玻璃器皿的甲醛中的虎鲨作为艺术品的素材。在2007年，他创作了 "为了上帝的爱" (*For the Love of God*)，该雕塑是一枚铂金铸造的18世纪的人类头骨，上面镶嵌了8601颗纯净无瑕的钻石。最近，他为 "奇迹般的旅程" (*The Miraculous Journey*) 揭幕，这14尊青铜雕塑以一个新生儿作为结尾，生动地描绘了妊娠和生产的过程。

回顾艺术史，我们应该引用哈拉尔德·塞曼 (Harald Szeemann) 于1969年在伯尔尼美术馆 (Kunsthalle Bern) 举办的展览 "当态度变成形式" (When Attitudes Become Form)。克服了形式问题后，观念和态度在所有的艺术形式中都变得更加明确和核心。然而，任何先前的艺术形式也不缺乏观念的背景。正如现代主义绘画大师康定斯基 (Wassily Kandinsky) 指出，应该将艺术品与它们的时代背景联系在一起理解:"每件艺术品都是其时代的产物，在许多情况下，也是我们情感和思想的寄主。"此外，根据康定斯基的说法，艺术总是与特定的情感联系在一起，与某些依赖于艺术家及其时代背景的 "内部真理" 联系在一起，"就像我们自己一样，艺术家们试图在作品中仅表达内部思想，从而放弃对外部形式的考量。"(Kandinsky, 1912)

康定斯基已经在《关于艺术中的精神》(*Concerning the Spiritual in Art*) 一书中意识到，艺术表现中存在一些高于形式的东西，一些他称之为 "精神上" 的东西，一些实际上是观念和思想的东西。从那里开始，我们可以尝试从艺术作品的背景语境来分析某个艺术家尝试表达的概念，而不仅仅从关注场景本身的含义来分析: 问题肯定比具象性更抽象。

此外，我们不仅可以从形式上，也可以从引领不同历史时期的重要艺术家的思想上找到相似之处和不同之处。例如，在文艺复兴时期，当大师们最终

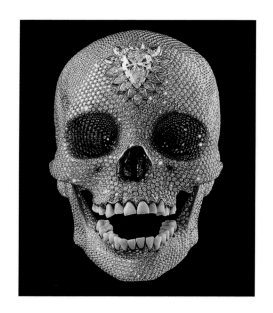

"为了上帝的爱"，达明·赫斯特, 2007

63

以绘画技术主宰了空间时，透视的完美是传递人类完美概念这个重要性的第二面——人类是由上帝根据他的自身形象创造的。从这个意义上说，康定斯基将"韵律构成"（melodic compositions）和"节奏构成"（symphonic composition）区分开来。"韵律构成"顾名思义，它可以用来表达统一和秩序，这就是为什么它在文艺复兴时期被大量使用。此外，根据康定斯基的观点，文艺复兴时期的艺术家拉斐尔（Raffaello Sanzio da Urbino）和其他时期的艺术家塞尚（Paul Cézanne）也追求这种和谐。显然，这其中存在差异（拉斐尔力求达到文艺复兴时期的完美，而塞尚希望在印象派绘画中保留一些经典的统一性），但二者都使用相同的构成模型来表达相似的和谐理念。

从这个意义上说，塞尚回顾文艺复兴以寻求统一并非偶然。其他画家给他留下了深刻的印象，例如皮耶罗·德拉·弗朗西斯卡（Piero della Francesca）。正如肯尼斯·克拉克（Kenneth Clark）所指出的那样，弗朗西斯卡不仅熟知数学家的几何定律，而且他对形式、颜色和构成都有强烈的意识，这对塞尚在保持画面某种韵律的和谐研究至关重要（Clark, 1969）。

因此，缺少观念的形式在任何艺术时期都是无用的。实际上，构成不是好看与否的问题，而是表达想法的一种方式！再举一个例子，光作为一种构图要素，

1

2

1. 《卡尼吉亚尼圣母》, 拉斐尔, 1507
2. 《浴女图》, 塞尚, 1898—1905

一直是艺术家灵感和研究的永恒来源。从这个意义上讲，我们应该看一下詹姆斯·特瑞尔（James Turrell）的作品，他把光看作是面对这个问题明确概念性的回应："与光一起工作时，对我来说真正重要的是创造一种无言的思想体验，使光本身的品质和感受发出真正的触感。"（Adcock & Turrell, 1990）即使我们承认特瑞尔的想法是一个非常当代的观点，但其实他与其他时期将光作为艺术研究问题的艺术家并没有什么不同。事实上，20世纪早期的理论家凯普斯（Kepes）已经指出，一旦空间法则被绝对控制，光是如何被定义为一种物质的呢？"自从发明透视法以来，画家们就开始描绘通过环境的各种媒介来塑造和体现光线而组成的视觉图像。他们首先发展出先进的技巧，用以描绘物体世界的三维雕塑般的外观，随后又掌握了光和影作为空间的铰接力，最后通过将固体溶解为光物质来将空间表现为发光的并且产生形态的东西。"（Kepes, 1994）

事实上，当讨论到一些艺术普遍性的问题，例如构成或者光线，我们也倾向于将概念艺术与其他艺术类别区分开来，一般与直接的造型艺术形式相对。但是，正如我们所见，艺术总是与思想观念有关！

那么，另一方面，设计又如何呢？难道不也是观念性的吗？

坚固、适用、美观：适用于任何设计学科的建筑学概念

勒·柯布西耶（Le Corbusier）指出，"建筑就是阳光下各种体量的精确的、正确的、卓越的处理。"（Le Corbusier, 1923）当谈到光、艺术和设计，也就有必要谈一些建筑学概念。

古罗马的维特鲁威（Vitrubio）提出的建筑三原则：坚固（firmitas）、适用（utilitas）、美观（venustas）。这三原则也适用于设计中，例如，在航空航天工程学中，设计也需要面对技术问题、物理问题、功能问题，当然还有美学决策。通常，从首饰或时尚的角度出发，技术也很重要，可用性是必不可少的，没有人不是为了看起来更精致和高雅而戴上首饰去装点自己的。

若要修订维特鲁威原则，我们倾向于剥离建筑的艺术特质，就像我们过去认为设计可以是美丽而无用的那样（或者相反）。此外，手工艺者和设计师的边界是模糊的，他们都可以使用最新技术来生产制造精美有用的物品。那么，他们的区别在哪里？工人和建筑师之间的区别在哪里？画匠和画家之间的区别在哪里？

康定斯基说道："努力复制过去的艺术原理充其量只会产生一门不成熟的技艺。我们（现代人）不可能像古代人那样生活和感受，同样，那些努力遵循古代雕塑方法的造物或者艺术只能达到形式上的相似，而作品永远没有灵魂。这种复制仅仅是模仿。从外部看，猴子完全类似于人类，它会坐着，拿着一本书放在它鼻子前面，带着深思熟虑的表情翻过书页，但是它的举动对它来说并没有真正的意义。"（Kandinsky, 1912）

康定斯基的言论是在尝试解释复制和创造之间的根本区别。换句话说，尝试模仿拉斐尔、塞尚或委拉斯开兹（Diego Velázquez）画画，我们也许可以重现他们的风格和技巧，但永远都无法达到他们的境界。艺术的思想观念与时代背景和艺术家本人的生活体验是不可分割的。因此，艺术本身才能带来社会和文化的创新与发展，艺术才能成为人类学研究的科学之一。

相对于设计师而言，手工艺者更有能力去复制和制作一件经典作品（即使是从工艺技术角度来看是非常复杂的作品）。但是，手工艺者只能复制和传承形式，设计师的本质更多是作为创新者，他们会下意识地希望对固有和经典有所突破与发展，他们也坚信只有通过构思才能孕育出真正的、新的设计作品。与其他类型的设计一样，我们也可以在时尚领域里区别手工艺者和设计师。设计师必须作为一个领导者把控概念，带领手工艺者们完成创作。一些著名的时装设计师，例如伊夫·圣罗兰（Yves Saint Laurent），他在1957年成为迪奥主席设计师时，在一些"工作室负责人"（chefs d'atelier）的协助下掌控设计和产品制作的全过程。这些负责人就是专业的手工艺者，他们甚至比圣罗兰的顶层管理者更了解产品细节和公司所需的技术支持。同样的，"工作室负责人"的形象也出现在约翰·加利亚（John Galliano）为迪奥工作的每一张照片中。在迪奥最近的纪录片——《迪奥与我》（Dior et moi）中，我们可以看到，在当今的设计实践和艺术创作过程中，这些手工艺者仍然非常重要，他们仍在协助着迪奥最新的创意总监之一拉夫·西蒙斯 (Raf Simons) 去完成他的新作品。

因此，虽然有些手工艺者比设计师具有更强的技术（如迪奥，在品牌工艺精神的延续上，核心技术人员可能比设计师更重要）。但毫无疑问的是，创新和方向的把控必须由设计师主导。

CSDMM-UPM 的实际案例

马德里理工大学马德里高等时尚设计中心自1986年起开设时尚课程，是西班牙大学时尚教育的先锋机构。CSDMM-UPM在最负盛名的西班牙大学内部排名（如BBVA-IVIE）中遥遥领先，并获得了2018年的国家时尚和文化学院奖。在CSDMM-UPM中，时尚设计是专业且整体的，这意味着，一方面它依靠专业设计师来教授未来的设计师，另一方面它认为设计师必须具有文化和教育背景。

因此，CSDMM-UPM中有三种类型的教师。第一类，是从事时尚产业的专业人士，其中包括：西班牙的时尚设计师，如安娜·洛克 (Ana Locki)、胡安·比达尔 (Juan Vidal)、米格尔·贝克 (Miguel Becer)、玛雅·汉森 (Maya Hansen) 以及丹尼尔·拉巴内达 (Daniel Raban)；珠宝首饰和配饰设计师，如BIIS、萨拉·拉斯里 (Sara Lasry) 以及鲁本·戈麦斯 (Rubén Gómez)；服装设计师，如安娜·洛佩斯·科博斯 (Ana López Cobos) 以及克拉拉·毕尔巴鄂 (Clara Bilbao)；还有一些零售业的专业人士，如TENDAM的专业人员，都是CSDMM-UPM教学团队的一部分。第二类，由专业教研人员担任CSDMM-UPM教授。第三类，教研团队中也有时尚领域的学者、教授和科研人员（马德里理工大学开设了西班牙第一个时尚领域的博士课程项目）。

CSDMM-UPM的学生在同一个主题下面临着不同的设计挑战，设计过程必须以观念和思想为主导。回顾首届"WoSoF全球时尚与首饰创新设计展览"（2018年，于天津美院美术馆）上展示的一些设计作品，我们可以看到设计方案和技术解决方案，甚至有些作品的营销决策是由同一个原始的创意观念所引导出来的。

Balances

1

2

68

1. "平衡", 克里斯蒂娜·阿雷东多, CSDMM-UPM, 2017
2. 骑马手袋, 豪尔赫·费尔南德斯, CSDMM-UPM, 2017
3. CSDMMag, CSDMM-UPM的时尚杂志, 2018

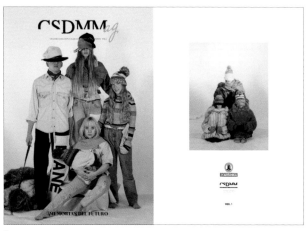

3

任何设计都是如此。以首饰设计为例，克里斯蒂娜·阿雷东多（Cristina Arredondo）推出了名为"平衡"（Balances）的首饰系列，土材由铂金和黄金制成。当然，技术问题是如何"平衡"地将两种不同的材料结合起来，但审美问题和设计思路决策也依赖于铂金和黄金两种材质的"平衡"。

CSDMM-UPM的学生在首饰设计之外还从事时尚配饰设计。再举一个例子，豪尔赫·费尔南德斯（Jorge Fernández）的骑马手袋灵感来自马术，手袋的每一个细节都体现了马术运动的主题。这不仅是从技术和美学上对马术运动这一概念的解读，摄影和作品的平面表现也必须置于马术运动的场景下，设计的展现才是整体的、统一的。

概念是设计师创作的基础，通过创意去实现创新。此外，概念也是当今时尚传播的根本，我们购买的不仅仅是产品，更是渴望和思想：时尚买手买的是概念！基于此，CSDMM-UPM推出了新的时尚杂志*CSDMMag*，由学生根据自己的设计和时尚风格，独立拍摄、编辑、制作而成。专业的编辑工作也让学生们了解整个创意概念在产品设计之外的表达，这在时尚传播中也是极其重要的。

结语

我们过去常常区分抽象艺术和形象艺术，我们也曾经认为只有当代艺术才是基于概念的。但是我们已经看到，艺术家和设计师都是基于某项技能用思想去工作的，只有通过建立概念和想法，我们才能实现创新！

对于CSDMM-UPM而言，这种针对创意学科的整体方法至关重要：只有传授如何更好地处理并提炼想法以做出设计决策，才能帮助未来的设计师能够更为从容地面对当代灵活且不可预测的全球性挑战。

参考文献

ADCOCK C E, TURRELL J, 1990. James Turrell: the art of light and space. Berkeley: University of California Press.

CLARK K · 1969. Piero della francesca. London: Pahidon Press Ltd.

CORBUSIER L, 1923. Vers une architecture. París: Esprit Nouveau.

KANDINSKY V, 1912. Über das geistige in der Kunst. Munich: R. Piper & Co.

KEPES G, 1944. Language of vision. Chicago: Paul Theobald and Company.

从建筑到时尚：概念是设计最为重要的部分！

从工艺到设计
首饰和时尚之间的持久联系

The Enduring Links between Jewellery and Fashion
From Craft to Design

伊丽莎白·菲舍尔
Elizabeth FISCHER

瑞士日内瓦艺术设计学院教授, 时尚与首饰系主任首饰和服装的生命周期是不同的——首饰大多由坚硬耐用的材料制成，而服饰所用的材质则更易腐坏。然而，二者皆是人在社会交际中仪表装扮的必要组成部分。几个世纪以来，与服装关系密切的珍贵首饰一直是精英人士的专属，作为家族阶层、声望和渊源传承的象征。19世纪的重大社会和工业变迁深刻地改变了珠宝首饰的制作工艺、材质和市场。新崛起的商人和实业家所穿戴的首饰逐渐与老牌贵族的珍贵珠宝相提并论，而日益富裕的中产阶级也开始追求新式首饰 (Fischer, 2010)。为了满足这一需求，珠宝商开始使用非稀有的材料，例如合金和彩色人造宝石等，这影响了整个首饰设计行业，为首饰的设计带来了更多的可能性，并推进了20世纪服装与首饰发展的新阶段。

自20世纪起，服装逐渐简化，时尚的追求也日益大众化，标志着某些服装、首饰和配饰产业的兴起。嘉柏丽尔·香奈儿 (Gabrielle Chanel) 女士1926年推出的小黑裙被视为现代时尚的一大开端，也为首饰的新式应用拉开帷幕。香奈儿女士大胆地将珍贵珠宝和服装配饰结合在一起，从而专注于配饰作为品位象征的美学功能，弱化其阶级、财富和地位的象征意义 (Banta, 2011)。在将珍贵珠宝和服装配饰结合起来的过程中，她有意识地为女性设计了合适的配饰，以此作为个人的、有选择的品位表达和身份声明，就像任何其他配饰一样，彰显着现代消费者的习惯与生活方式。装饰和美的概念与表达也不再等同于必须由珍贵材料构成。首饰，作为一个相对独立的专业和类别，也开始进入了配饰的范畴，考虑到与服装（还包括鞋子、手套、帽子、围巾、包等）的搭配关系，它们紧随时尚潮流，并制造更高的附加值。作为现代简约服装的主要搭配，配饰已不再是附属品或为时装搭配的产品了，而是绝对的必需品，甚至是比服装还要重要的存在。此外，香奈儿女士将首饰从数百年来女性对男性的依赖中解放出来，几个世纪以来，女性无法为自己购买高级珠宝首饰作为装饰和投资，这一直是男性的专利。在香奈儿女士看来，财富等同于男性气质，而时尚表达等同于女性气质。如今，珍贵的高级珠宝首饰通常仅在正式场合佩戴，很少有人会在生活中佩戴，而配饰可以与牛仔裤和运动鞋等日常服装搭配使用，配饰模糊了高级时装和潮流服装之间的界限。

嬉皮士革命给西方服装史带来了巨大变化。以人体为核心的功能主义设计，让服装更加简洁，男人和女人的身体都变得更加暴露，不仅女性，男性也需

1

1/2. 丽莎·德法戈 (Lisa Defago)，"嗜血"（Capillophilia）系列首饰，2020，材质：头发、银
　　来源：日内瓦艺术设计学院

2

要佩戴首饰来彰显个人品位、身份或对潮流的呼应，包括佩戴项链、手镯（通常用皮革和其他非贵重材料制成）或单只耳环。男性使用首饰进一步证实时尚在从服装向配饰类别的转移，1970年代至1980年代的流行歌手，如埃尔顿·约翰（Elton John），在推广男性对首饰和配饰的接受方面发挥了重要作用。而一些说唱歌手也会使用与众不同的超大首饰（例如汽车标志形状的吊坠）来象征黑人文化在西方世界的表现，以此区别于所谓的成功白人男性的形象。男性首饰和配饰已经成为时尚设计发展的一个丰富领域，并形成一个快速增长的市场。随着1980年代革命性的斯沃琪（Swatch）手表的出现，时尚的影响延伸到了手表设计——这是一款塑料制成的手表，有着有趣的设计，普通消费者只需不到60美元就可以买到。时尚和首饰设计的文化已经成功地影响到传统的钟表设计领域，并与工程技术携手合作，创造出一种全新的钟表制作方式，将其作为时尚配饰发布，紧跟潮流趋势，如今，手表已不仅仅是一个计时工具了，更是一个时尚单品。

当代人与其说是在穿衣服,不如说是在用配饰装饰自己,这带来了直接应用于皮肤的新类型饰品。文身和穿孔自古以来存在,多被用作区别亚文化社会边缘人群的标志,这些装饰品在朋克运动中变得尤为抢眼,是反叛当权派的标志,后来才被主流社会所接受。时尚界多使用这种皮肤装饰在走秀和广告中制造"视觉冲击"。随着被年轻一代普遍接受,穿孔已不再具有反叛的含义,它被用于增强人体装饰的特定部位,并为人体表现增加一个动态维度(MacKendrick, 1998)。而用于穿孔的饰钉和其他物品完全符合首饰的定义类别,尽管它们在很大程度上突破了佩戴传统首饰的方式,但人们并没有意识到这也是一种传统首饰的现代化表达,这是时尚模糊珠宝首饰和配饰界限的又一例证。

金色,作为一种颜色,已经从一种稀缺的贵金属变成装饰性的亮片,在T恤、手袋或文身上闪闪发光,并成为说唱和其他音乐和街头文化中闪亮饰品的点睛之笔。闪闪发光的装饰,不管是高端还是低端的,已经模糊了界定身份地位的珍贵珠宝和一时流行的时尚配饰之间的界限。

在1990年代,配饰以引人注目的方式在时装秀中突显时尚特征。令人惊艳的配饰所产生的视觉冲击将焦点集中在人的身体上,并经常以一种速写的方式来概括设计师的风格(Evans, 2007)。在秀场和广告中,配饰已经成为传播品牌信息的一种方式。正如苏西·门克斯(Suzy Menkes)所写的那样:"当你从三位有创造力的著名设计师的秀场中走出来,最先想到的是模特穿的鞋子,其次可能是香奈儿最新款的手镯和布满标志的钱包,或者可能是艾美(Lacroix)的可爱动物形状的柳条手提篮,你不得不问这样一个问题:配饰比衣服更重要吗?"(Menkes, 2002)在过去的30年里,配饰为高中低档品牌带来了最多的收入,在被过去认为是必不可少的服装和被认为是次要的配饰之间,市场销售已经逐渐向配饰倾斜。配饰设计现在和未来可能将是一笔很大的生意。

现在,首饰和配饰在时装秀和街头表演中不可或缺。如今,年轻男女都完全接受了这种时尚文化,他们戴着帽子、耳环、项链、手镯、运动型的电子设备以及装饰性的可穿戴设备,将首饰作为配饰的装饰品。这些物品通常体现了当代个人最珍贵的东西,对于可穿戴设备来说,这种珍贵可能是无形的,而不是物质的(在这个容易过时的时代,"持久"有了新的含义),然而,它们作为身份地位、社会关系和品位的表征,在我们的社会中仍然至关重要。

身体,是人类参与到社会生活的重要载体,是个人思想和身份的承载者,并且仍然是情感、感觉和行动的主要场域。在未来主义的许多畅想中,仿生人体一直都是他们热衷的内容,例如通过由新型材料制成的扩展部分来增强人体和功能。一些时尚、配饰和首饰设计师正在探索比实用性和社交礼仪更广阔的途径,他们将身体作为催化剂而不是发生场所,探索人体与材料和人造物的关系,挑战身体、产品和身份的传统叙事方式。如,苏珊娜·克雷维亚里(Suzanne Craviari)设计的"增强型嘴"(Augmented Mouth)虚拟首饰,通过量身定制的照片来改变口腔和牙齿的形状,从而改变面部表情。

75

时尚和首饰中的概念设计可以改变物体的使用属性,能够重新归类这些领域通常不涉及的物品。1950年代,眼镜,更具体地说是太阳眼镜,作为一种身份和品位的标志进入了时尚领域,在此之前,眼镜有且仅有医用辅具的功能(Pullin, 2009),而这场革命是通过拥抱时尚行业的设计文化而产生的。同样的过程也促进了假肢的发展,假肢通常是基于医学考虑,由专注于性能的工程师开发,与普通人的生活需求没有关系。美观、舒适、易用和日常可穿戴性是病患接受假肢的关键,而这也是设计师通常会考虑的因素(Sobchak, 2004; Fischer, 2013)。2018年,海耶斯国际时尚节(Hyères International Fashion Festiva)的获奖项目之一就是将助听器设计成新型首饰。"凑巧的是,施华洛世奇时尚配饰评审团大奖颁给了产品设计师弗洛拉·菲克斯(Flora Fixy)和朱莉娅·德西丽尔(Julia Dessirier),摄影师凯特·菲查德(Kate Fichard)找到了他们,让他们重新设计这种粗糙的、敷衍的家用助听器,由此产生了时尚产业和医学工具交叉融合的项目——H(Earing)。评委们对这种使用蜡铸造和3D建模工艺,以贵金属为材料的助听器印象深刻,它强调和夸张了助听器的人体辅助功能,但是却非常时尚且美观。'时尚可以是社会、生活甚至是政治主题的放大器。'获奖者如是说。实际上,首饰已不仅仅是满足使用者需求的一个答案,同时它也是一种社交的工具[1]。"

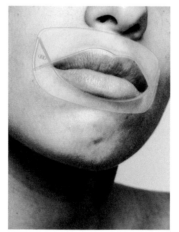

苏珊娜·克雷维亚里，"增强型嘴"虚拟首饰，2020
来源: 日内瓦艺术设计学院

这些例子论证了一种多学科协同发展的方法，同时也说明时尚和首饰设计已经接受了创作理念的更广泛转变。不同的工艺和不同的行业可以共同合作，为科技人体设备的创作带来创新。随着越来越多的材料通过更加多元的方式融合，更多产品运用到人体，时尚、首饰和配饰设计必将在社会和个人生活中发挥更加重要的作用，并能为高度复杂的当代社会的构思和创新带来多元的途径。

77

从工艺到设计：首饰和时尚之间的持久联系

参考文献

BANTA M, 2011. Coco, Zelda, Sara, Daisy, and Nicole: accessories for new ways of being a woman// GIORCELLI C, RABINOWITZ P. Accessorizing the body: habits of being I. Minneapolis: University of Minnesota Press: 82-107.

EVANS C, 2007. Fashion at the edge: spectacle, modernity and deathliness. 2nd ed. London: Yale University Press: 231-233.

FISCHER E, 2010. Jewellery and fashion in the 19th century//RIELLO G, MCNEIL P. The fashion history reader: global perspectives. London: Routledge: 311-313.

FISCHER E, 2013. The accessorized ape// SKINNER D. Contemporary jewellery in perspective. New York: Lark and Art Jewelry Forum: 202-208.

MACKENDRICK K, 1998. Technoflesh or, 'Didn't that Hurt?'. Fashion Theory, 2(1): 3-24.

MENKES S, 2002-10-6. Baubles, bangles and bags: who cares about the clothes. International Herald Tribune.

PULLIN G, 2009. Design meets disability. Cambridge: MIT Press.

SOBCHAK V, 2004. Carnal thoughts: embodiment and moving image culture. Berkeley: University of California Press.

1. https://www.wallpaper.com/fashion/hyeres-2018

时尚和当代首饰之间的中间世界

In Terrā Mediā
The Hybrid Territory of Les Métissages

妮卡·玛罗宾
Nichka MAROBIN

意大利艺术史学家，策展人，研究员

时尚也会被认为是一种有趣、滑稽或肤浅的行为，倾向于与不成熟的和愚蠢的行为联系在一起，而不是与高雅艺术、创新设计或发达社会相提并论，也因此被认为是无关紧要的。

——提姆·爱德华（Tim Edwards, 2008）

在进入本文主题之前，我将介绍一个介于时尚和当代首饰之间的"中间世界"，这个领域被我称之为"Terrā Mediā"，通过现实的项目和作品，观众得以接触并与这个"中间世界"互动。

当我第一次接触比利时弗拉芒大区的绘画大师（Flemish Masters）时，我还是一个十一岁的充满好奇的孩子。当我在读一本有趣的神秘画册时，我偶然发现了画面中一顶皇冠的珍贵细节，在《根特祭坛画：羔羊的崇拜》[1]这幅画中，它被放在圣羔羊根特祭坛的全能真主的脚下。随后，扬·凡·艾克另一幅画中的王冠也吸引了我的注意——现在在巴黎卢浮宫博物馆的《罗林大臣的圣母》[2]，这幅由勃艮第公爵尼古拉斯·罗林大臣委托绘画的作品，引导了后来的我去研究弗拉芒大区的艺术史。换句话说，是儿时看到的画面中的那顶皇冠诱发了我强烈的好奇心，从一开始，首饰就作为一个重要的符号和线索潜入了我多年来一直研究的领域——弗拉芒大区和荷兰艺术史。

甚至多年以后，当我研究论文的主题与阿尔卑斯山之外文艺复兴时期装饰版画中的奇异生物的研究结合在一起时，也杂糅了对首饰的研究。尖锐而怪诞的曲线来源于意大利文化对欧洲南部装饰风格的表现，曾经被用作画框中的线条和元素，如今开始被表达为植物的比拟，这些微小而强烈的线条描绘着生命和自然的美。由此，所有这些遗产开始获得真正的自治，成为德国纽伦堡和奥格斯堡等帝国都城金匠商店的设计主题和创新款式的不竭来源。

时尚和当代首饰之间的中间世界

---

1. 这幅画是在1426年到1432年间由扬·凡·艾克（Jan van Eyck）创作的，并委托约泽·维吉德（Josse Vijd）和他的妻子一起描绘在根特的圣巴沃大教堂的外翼上。详见http://closertovaneyck.kikirpa.be/。

2. 详见https://www.louvre.fr/en/oeuvre-notices/virgin-chancellor-rolin。

对 "Les Métissages" (混合体) 项目[3] 的研究

在2014年，基于 "Les Métissages"（混合体）研究项目开始尝试对首饰的研究，对各种生活方式及它们在装饰领域的变迁进行探索，这是一系列来自时尚与当代首饰的交叉研究，研究重点强调可以通过不同的表达方式实现相同的美学效果，在 "Les Métissages" 的语境下，这些表达方式就是首饰。

"Les Métissages" 在一开始仅将理解当代首饰使用的时尚和时装领域的表现语言作为参考资料和灵感来源，随着研究进程的推进，发现二者的对比已不仅仅是对风格和吸引力的简单描述，而是一个由形状、理念、装饰元素、图案和思想组成的真实的 "系统"。时装是裁缝制作的，首饰是金属工艺师制作的，但二者形式的固定性和变化性反复出现，开辟了一个不断变化的格局。观念的变化正在不断揭示这两种艺术形式（时装与首饰）有着持续不断的对话。

后现代主义语境下的首饰（也可称之为当代首饰，或艺术家工作室首饰）（Besten, 2011）一直被认为是归属于纯艺术的表现形式。有一些当代首饰也被纳入时装领域，从绘画和自然中汲取灵感和形式（Leach, 2012），如，伊夫·圣罗兰（Yves Saint-Laurent）于1965年创作的 "蒙德里安" 系列[4]，他将蒙德里安经典的三色块画作印在连衣裙上，简洁的构图和撞色效果，与极简风格的裙身完美融合，体现出抽象画派冷静的形式美，这是时装设计师对绘画艺术的直接诠释和致敬。再如，1969年米拉·舍恩（Mila Schön）设计的服装，灵感就来自卢西奥·丰塔纳（Lucio Fontana）的《空间概念》（Concetto Spaziale），由乌戈·穆拉斯（Ugo Mulas）拍摄，这是各个领域的艺术表现形式协同合作的一个成功案例[5]。

这种交叉性，即 "过去和现在的关系"，正如弗里萨（Frisa, 2015）在《时尚的形式》（Le forme della Moda）中所明确指出的那样，创造了外观和内涵的持续博弈，而这也揭示了时尚的内核。

"谈论时尚并不一定意味着谈论服装"（Frisa, 2015），而我们谈论当代首饰时，也并不一定意味着谈论以非传统的材料制成的深奥难懂的首饰。谈论时尚意味着涉及复杂的生活方式与系统，它总会涉及艺术、设计、社会学、人类学、经济、教育、文化和美学等多种主题，而谈论当代时尚和首饰就意味着讨论时间、品位、有形与无形以及复杂的形式体系。

形式：预期和碰撞

亨利·福西永（Henri Focillon）在1943年出版的《形式的生命》（Vie des Fomes suivi de l'éloge de la main）一书中指出："历史通常是有预见性的，是对现实和未来的预测……"

形式，正如亨利·福西永在他的研究中所提到的，有能力通过时间和空间来被识别出来，正如他在罗马艺术系列中的研究所证明的那样，此研究后续由他的学生尤吉斯·巴尔特鲁萨蒂亚斯（Jurgis Baltrušaitis, 1972/1986/1988）阶段性进行——研究中，他们称在应用艺术中找到了一片沃土，因为正是在应用艺术领域，形式才展现了自己的生命力。

这种不安分的生命力出现在"Les Métissages"的混合区域，体现了时尚和首饰这两种艺术形式是如何互动融合的。"Les Métissages"不再是为一件衣服而创造的首饰，也不再是一件从其他艺术形式中被创作出的特殊衍生品。它既不是直接的参考，也不是重新提议，而是对新的艺术创作形式清晰而明确的见证。

3. "Les Métissages"项目是一个在网络上诞生的项目，要查看自2014年以来发表和发布的所有作品，请访问网站www.themorningbark.com。Instagram以及Facebook账号为LesMétissages。
4. 详见https://museeyslparis.com/en/biography/lhommage-a-piet-mondrian
5. 详见意大利高级时装展览"Bellissima: Italy and High Fashion 1945-1968"策展目录。

凯瑟琳·奥利里，"朝生暮死"（Ephemeral）雕塑连衣裙，2011
羊毛和丝绸分层连衣裙，采用传统制毡方法手工制作

关于设计元素的变化、扩散和重复,我将引用亨利·福西永和尤吉斯·巴尔特鲁萨蒂亚斯的观点,他们两人都把研究重点集中在罗马式和哥特式艺术上,观察并仔细研究了一些设计与装饰元素的起源,以及它们在几个世纪以来的变化和复制方式。但是,如果说福西永和巴尔特鲁萨蒂亚斯所研究的形式是一个"连续性"的过程,那么"Les Métissages"就是一个"系列性"的研究过程。

形式在这种连续共存的过程中,可以同时表现出固定性(形状重复)和变化性(每种材料赋予形式不同的生命力)的预期和碰撞。如,我们可以看到澳大利亚纺织艺术家凯瑟琳·奥利里(Catherine O'Leary)和日本金属制造商久米惠子(Keiko Kume)是如何对空旷和全满空间进行类似的设计和诠释的6。她们的作品均在2015年的"JOYA巴塞罗那国际当代首饰展"上展出过,这两位艺术家彼此并不认识,然而,在同一主题下呈现出高度类似的设计,给形式、大小和颜色的不可预测的视觉呈现注入了活力。

83

结语

经常有人问我关于我的"Les Métissages"的确切含义,我不得不承认我仍然很难给它们下定义。但是,我可以表达一个"并不精确"的边界和一种"可能的"工作方法——"Les Métissages"无非是我研究过程的综合体现,是在网络平台上搜索的信息存储在我的大脑和个人电脑的文件中,经过我的组织和处理研究再呈现出来的结果。

"Les Métissages"是如何产生的呢?在这方面似乎没有规则:有时这一切都始于在首饰研究领域中寻找特定物体;有时它是相反的路径,始于寻找一种特定的时尚语言;其他时候,形式本身被揭示,记忆开始起作用,它们在我眼前绽放。

---

6. 详见http://www.catherineoleary.com.au/, http://kume-keiko.wixsite.com/works, http://www.joyabarcelona.com/index.php/en/。

久米惠子，"奇迹"（Wonders 034），2015
黄铜、银锤击、镂空、焊接而成

此外，"Les Métissages"项目与另一个关键概念有很大关系："关联艺术"，
即"在过去不同时代由不同艺术家创作的各种艺术的表达之间意外出现的形
式或色彩的无意识关联"（Praz, 2002/2008）。

直到今天，"Les Métissages"项目发布的近1000件作品，不断进行着两种不
同艺术形式之间的关联与对话，打破了西方艺术史教给我们的关于艺术专业
的分类，这些分类将时尚创作和首饰设计归入应用艺术的"子类别"，这种并
列关系见证并揭示了两种不同但复杂的形式系统，它们会在时间和空间中重
复出现，不断被接受和被选定。

最后，这个项目最有趣的地方是，即使作品本身有很高的关联性，但是没有一
个艺术家和设计师相互认识：这真的令人惊奇。根据福西永的观点，谈论形式
的生命力意味着一个连续性的概念，但这与"Les Métissages"的情况不同，

预期、冲突、碰撞可以自由共存。时装设计师、裁缝师和首饰设计师、工匠之间唯一的联系在于时尚，以及它们在时装与首饰这两种艺术形式之间永不休止的、持续不断的交流：当代首饰和时尚，聚焦在我称之为"Terrā Mediā"的中间世界。

参考文献

BALTRUŠAITIS J, 1972. Le moyen âge fantastique: antiquités et exotismes dans l'art gothique. Paris: Flammarion.

BALTRUŠAITIS J, 1986. Formations, deformations. Paris: Flammarion.

BALTRUŠAITIS J, 1988. Réveils et prodiges. Paris: Flammarion.

BARTHES R, 1993. Oeuvres complètes, 3 voll. Paris: Editions du Seuil.

BERNABEI R, 2013. Contemporary jewellers: interviews with European artists. London: Bloomsbury.

BESTEN L D, 2011. On jewellery: a compendium of international contemporary art jewellery. Houston: Arnoldsche Verlagsanstalt: 9-10.

CALVINO I, 2012. Lezioni Americane: Sei proposte per il prossimo millennio. Milano: Mondadori: 91.

DAVIS F, 1995. Fashion, culture and identity. Chicago: University of Chicago Press.

EDWARDS T, 2008. Fashion in focus concepts, practices and politics. London: Routledge .

ENGLISH H W D, DORMER P. Jewelry of our time. New York: Rizzoli.

FOCILLON H, 1943. Vie des Fomes suivi de l'éloge de la main. Paris: Presses universitaires de France.

FRISA M L, 2015. Le forme della moda. Bologna: Il Mulino.

FRISA M L, 2015. Le forme della moda—cultura, industria, mercato: dal sarto al direttore creativo. Bologna: Il Mulino.

KAWAMURA Y, 2005. Fashion-ology: an introduction to fashion studies. Oxford: Berg Publishers.

LEACH R, 2012. The fashion resource book: research for design. London: Thames & Hudson.

PRAZ M, 2002. Bellezza e bizzarria. Milano: Mondadori.

PRAZ M, 2008. Mnemosine: parallelo tra la letteratura e le arti visive. Milano: SE Edizioni.

STRAUSS C, 2007. Ornament as art: avant-garde jewellery from the Helen Williams Drutt collection. Houston: Arnoldsche Verlagsanstalt.

时尚与相关产品
设计作为社会的推动力量

Fashion Artifact, and Design as a Social Facilitator

娜奥米·菲尔默
Naomi FILMER
英国伦敦艺术大学伦敦时装学院高级讲师，硕士生导师

我是一位接受过手工艺和当代首饰教育的设计实践者和教育工作者。自从1993年从英国伦敦皇家艺术学院获得首饰硕士学位后,我一直从事时尚和非时尚领域的专业工作。虽然我的教育背景为我提供了设计和制作的技能,并没有让我理解时尚,但正是我对时尚的关注成就了后来一系列对我的设计实践产生重大影响的合作、展览和委托。我的作品总是围绕着某个主题,从主观和客观角度将身体视为持续探索美学和观念的场域。我感兴趣的是从广义角度出发,将首饰作为对身体进行批判性思考的媒介来看待——例如,探索身体在佩戴珠宝首饰、配饰和其他时尚物品时与佩戴品的关系,或将身体作为展览的道具和"舞台"。

我一直在尝试直面并反思身体的角色,以将其作为我作品的表现的基础,并也影响了我的教学方式。25年来,我一直在欧洲的设计学院任教,主要是教授首饰专业,但也教时尚的课程。我曾为文学学士和硕士学位课程的学生开设过研讨会和教学指导。自2010年以来,我在英国伦敦时装学院担任时尚产品与首饰配饰硕士研究生项目的负责人和高级讲师。

在本文中,我将通过回顾一系列不同的项目来概述我的代表性作品的发展历程。整体而言,这些作品描述了首饰先是作为时尚配饰的角色,再到时尚展览的独立装置,又最终成为展览的核心角色,并衍生为具有独立建构的当代时尚产品的路径。我的创作也从介于首饰、配饰和艺术物品之间的对话转变到观念的表达,我现在开始认为这是一个很好的思路,可以在其中可以找到我的作品的存在性及其与其他作品的差异——我的作品一个处于"不确定的地带",可以在不同的背景语境和专业领域之间进行转换。

后面部分,我也会简要讨论一下英国伦敦时装学院时尚配饰硕士学位项目的教学,并以我们近十年间的精选学生作品,来呈现我们的学生是如何利用和开发我所描述的那个创作上的"不确定的地带",他们不断发展自己的设计方法和理念,并更进一步将自己的作品置于超越首饰和时尚边界的语境。未来,他们创作时尚配饰、首饰和产品的想法将会在影响我们当代生活的社会文化和个人层面发挥着至关重要的媒介作用。

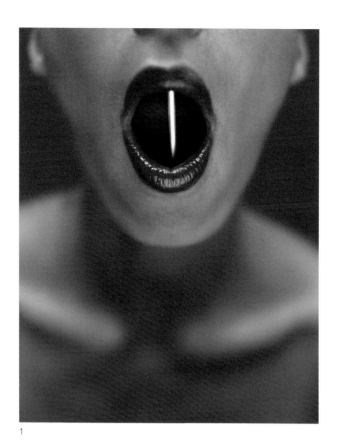

1

2

1/2. 娜奥米·菲尔默, 为侯赛因·查拉扬而作, 嘴巴和耳朵后面的灯 (Mouth and Ear-behind Light) / 口坝 (Mouth Bar) , 1996
材料: LED 灯、树脂胶囊、银棒、牙线
摄影: 加文·费尔南德斯 (Gavin Fernandes)

与时尚的碰撞

自1990年代以来，我作为设计师和艺术家的很重要一部分作品都与伦敦和巴黎的时尚设计师有关，包括与侯赛因·查拉扬 (Hussein Chalayan)、亚历山大·麦昆 (Alexander McQueen) 和安妮·瓦莱丽·哈希 (Anne Valerie Hash) 等设计师合作举办的时装秀。这些合作是由模特佩戴我的作品，给我提供了在现场观众面前生动展示作品的机会，同时也体现了时装秀的系列主题。这些项目与商业无关，它们为我探索佩戴者与物体之间的张力提供了创作空间，可以从超越身体并与身体交互的视角，观察位置、比例和材料等方面并展开探索。在这些尝试中，我研究了身体与配饰的作用和影响，并质疑了哪个是主要因素：当作品需要空间和身体造型时，到底是身体佩戴首饰，还是首饰佩戴了身体？

在1990年代和2000年代初期，时尚界的快节奏工作使我产生了一种在当代首饰界从未体验到的速度感。在首饰界，我更加注重以较慢的节奏创作；而在时尚界，面对着每年要制作出两个系列作品以及来自时尚大片的压力，创作与制作变得更为紧迫。这种快节奏，加上在低预算下生产作品的现实条件，要求我重新考虑对所用材料的处理方式和产出形式。

在时尚大片和展览中，我会使用诸如冰块做首饰，巧克力做面罩和手套，这样转瞬即逝的临时材料要求作品必须去关注材料、感受和视觉的价值，而这些都是我作品的重要内容之一，从这一点出发，我开始脱离走秀的背景，不再让时装秀的快节奏限制我只去迎合体现时装设计师所需要的主题，而是更多地去独立创作与思考。

物体和肉体的亲密关系

1999年，我为伦敦朱迪思·克拉克时尚画廊 (Judith Clark Costume Gallery) 的个展做了冰首饰系列，希望与佩戴者和材料展开更亲密的对话。在这个系列作品中，身体和作品之间的主次地位问题再次浮现了出来。佩戴冰首饰的肉体温度决定了它的冰冻状态，但只过了一小段时间，冰就使佩戴者感到厌恶。皮肤因直接接触冰而变冷，并伴有轻微刺痛的感觉，随后不久，鸡皮疙瘩就装饰了皮肤表面。当冰融化时，水滴沿着佩戴着它的身体轮廓流淌。冰融化后，身体弄湿了。水蒸发后，剩下的就是对感觉和体验的记忆。最终，冰首饰会使人们关注水的价值、体验和记忆，然而原有的首饰消失了。

展示：人体假体

在"之后与之前的超越"（Behind Before Beyond）展览上与策展人朱迪思·克拉克的合作，聚焦于展览的呈现方式，从而促进了我们称之为"人体假体"的展示道具的发展。

这些为人体模型和裁缝用的假人而制作的铸造合成配饰，可将人体的细节代入通常用于在博物馆和展览环境中展示服饰的人体模特。锁骨、下颌线、耳垂和手被铸造为假体。它们颠覆了首饰作为身体装饰的传统，取而代之的是提供人的细节来用作装饰，以点缀人体模特，使假人更加贴近人体，更令人感到熟悉。这些作品既可以作为道具，也可以作为对传统装饰和穿着观念发出挑战的时尚物品。

我们在过去15年里进行的4个项目中都有重复这一概念，但是更改了材质、框架和放置的细节，如：

(1) 2004年，安特卫普，"恶性缪斯；当时尚回归时"（Malign Muses; when fashion turns back）；

(2) 2008年，佛罗伦萨皮蒂宫，"西蒙内塔：意大利时尚界第一位女性"（Simonetta: La Prima Donna della Moda Italiana）；

(3) 2015年，巴黎路易威登档案馆博物馆，LV家族巴黎别墅私人画展；

(4) 2018年，格塔里亚巴黎世家博物馆，克里斯托瓦尔·巴黎世家（Cristóbal Balenciaga）时尚与传统档案展览。

雕塑对首饰的影响

当我开始思考将我的首饰作品作为非穿戴功能物品使用时，我不再专注于制作可穿戴的作品，而是将注意力转移到作为雕塑品的"媒介"——身体上，而这些雕塑品旨在说明我们的身体状况和动作。以下，我将更详细地论述一些案例，通过表现和展示来进一步表述我的创作观念。

1

2

3

1. 娜奥米·菲尔默，冰手碟 (Ice Hand Disk)，
   个展《之后之前超越》，1999
2/3. 娜奥米·菲尔默，为朱迪思·克拉克而作，
   "幽灵：当时尚回头" (Spectres; When Fashion Turns Back)，
   2005

1

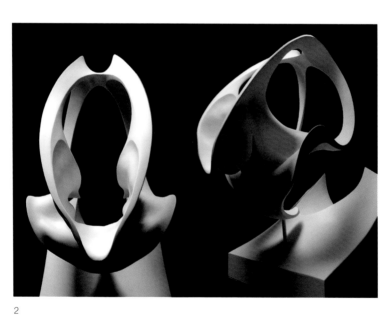

2

1. 娜奥米·菲尔默, 脚跟和脚趾球形透镜, "非同寻常", 2007
2. 娜奥米·菲尔默, 呼吸测量, "时尚的艺术: 安装暗示", 2009
   材料: 合成聚合物
   摄影: 杰里米·福斯特 (Jeremy Forster)

非同寻常，壮观的手工艺术品

2007年，我受英国国家手工艺术委员会 (British Crafts Council) 的委托，为伦敦维多利亚和阿尔伯特博物馆的 "非同寻常，壮观的手工艺术品" (Out of the Ordinary; Spectacular Craft) 主题展创作作品。为了响应 "非同寻常" 这一主题，我创作了一系列作品以阐述我对身体独特且非同寻常的看法。其中很重要的一部分是十个名为 "球形透镜" (Ball Lense) 的玻璃球。这十个球形透镜中的每一个都聚焦在置于球内的人体模型上，分别是眼睛、耳垂、锁骨、肩膀、腋窝、肘部、放在臀部的手、膝盖的后部、脚后跟和脚趾。这十个人体模型是真人身体部位倒模的空心铸件，表面电镀一层银后衬上一层肉色的植绒。总的来说，球形透镜系列作品描述了一个有缺失的身体，每个身体部位作为单独的物体，它们引起的是人们对每个身体部位的关注，并进一步发展了我对人体的观念——装饰性和珍贵性。

93

时尚的艺术：安装暗示

铸造这些假体引发我创作的风格变化，逐渐从设计可穿戴物品转向制造物体，这些物体在使用人体假体的表面语言表达的同时，还以雕塑的形式呈现出来，作为为展示而创作的物体来暗示身体。

2009年，我受策展人朱迪思·克拉克和何塞·特尼森 (José Teunissen) 的委托，代表汉·内肯斯 (Han Nefkens) 基金会为鹿特丹波伊曼·凡·布宁根博物馆 (the Museum Boijmans Van Beuningen) 的展览 "时尚的艺术：安装暗示" (The Art of Fashion: Installing Allusions) 进行创作。我创作了四件系列雕塑作品，名为 "呼吸测量" (Breathing Volumes)，我在其中试图探索和阐释呼吸这个行为本身。我用三维草图描绘了一个雕塑般的游戏，以描述人们吸气和呼气时经过的物质空间。为了识别身体和物体之间的碰撞点，每件作品都有下巴铸件。四件作品中有三件是由白色聚合物制成的，有类似人体模特的表面美感。下巴和作品表面材质都参考了以前展览的首饰作品，但现在它们已成为雕塑的一部份，暗示身体并在展览中展出。这些作品现已成为汉·内肯斯私的人艺术收藏。

悬浮人体景观

以呼吸为主题的系列作品进一步发展了我的创作思路，我逐渐将注意力从身体的物理形式转移到其生理过程和动作。这也是与其他手工艺人合作的成果，我并不一定是我作品的制作者，我也并不渴望成为实现我作品所需的所有技术的制作者，我喜欢结合不同的材料和工艺来实现自己的想法，非常希望其他手工艺人的加入与合作，以他们的专业技术共同完成我的作品。特别是在玻璃吹制的工艺中，呼吸对于促进和指导制造过程至关重要，与玻璃吹制师傅并肩工作，对我呼吸主题的作品产生了很大影响。

2010年，我在荷兰莱尔丹的国家玻璃中心（National Glass Centre in Leerdam）跟随玻璃吹制大师驻场了一小段时间，他用我在2007年"非同寻常"的展览中为"球形透镜"制作的人体模型制作模具，将玻璃泡吹入并覆盖了肩膀、腋窝和肘部模具的剩余空间。我通过感受和控制鼓风机的速度，顺应并引导形状的改变，把产生的玻璃泡组成了一系列名为"悬浮人体景观"（Suspended Bodyscapes）的作品。最终，将玻璃物体用皮条缝合到皮具上悬挂起来，皮具正好围绕着最初的人体模型与玻璃形成完整的一体。这给人一种感觉——皮革穿着玻璃，玻璃也穿着由我最初铸模形成的模型——这是对身体接触的另一层面的思考，使作品成为设计和制作工艺的完美结合。这些玻璃作品暗示了身体，但把曾经可识别的物质部分（在球形透镜中的人体模型）转变成抽象的、被动的、松散的形式，呈现出暗示人体内部器官和生殖器官的肉质色调。

反思该项目的过程和由此产生的作品，反映了人们始终如一地关注将身体作为一种手段，并展示与之相关的佩戴关系，暗示和抽象首饰的概念。始于首饰，在时尚的主题下，如今衍生至雕塑，体验式的创作和表达方式构成了一种全新的创作方法，持续地影响着我的创作和教学。

伦敦时装学院的时尚与相关配饰的硕士课程项目

过去的10年，我一直在伦敦时装学院的时尚配饰硕士课程项目任职。这个为期15个月的硕士项目其目的是将时尚配饰或首饰作为创造性实践的独立语

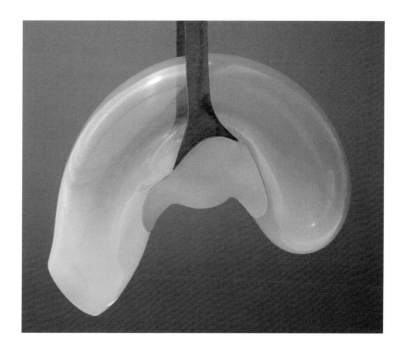

娜奥米·菲尔默，悬浮人体景观
材料：玻璃、皮革
摄影：杰里米·福斯特

时尚与相关产品：设计作为社会的推动力量

言，而非时装的搭配品。如今已是这个项目的第12个年头了，已成为国际上公认的手工艺术、设计与制作的复合型人才孵化器，这里既研究传统手工艺和工业技术的关系，同时也为现代时尚产品的设计提供了专业人才。十几年中，时尚配饰硕士项目为不断演变的市场需求和受众群体都提供了具有启发性的设计和趋势推测，并由此定义了它在高等教育和更广泛的创意产业中的地位。作为设计师与教育工作者，我们鼓励学生就身体和物体在时尚界的作用和重要性建立全面和独立的思考。作为艺术家，他们通过创作实践来发展良好的思维方法，并掌握作品从想法到实物的整个过程。

学生们的创作和理念最终形成了可穿戴和非穿戴的物品，并对当下的时尚产品和配饰提出质疑、批判和全新的定义，进而反映和影响了我们所处的世界。以下精选的部分毕业生项目分为四个特定的方向，他们所创作的作品介绍了他们所探索的一些方向，展示了毕业生毕业作品中的概念是如何逐步发展为可生产的作品，也为建立独立的研究、教学、咨询和生产奠定了基础。同时也展示了时尚教育如何为产品设计概念的创新提供平台，使之成为社会文化和个人表达的重要媒介。实际上，这种教育理念并不局限于时尚领域，也可以是一种对我们的当代社会生活有所助益的创新思维和表达方式。

突破传承与手工艺术

莎拉·简·威廉姆斯（Sarah Jane Williams）的硕士毕业设计"拱形箱"（Arched Case）是为新空间和新生活方式设计的行李箱，适用于快节奏、多元的大都会城市生活和旅行。拱形箱可以挂在椅背、搁置在角落或塞进桌面边缘，占领并控制它们所处的空间，重新定义了空间与物体的关系。为了制作这个系列，莎拉与一家专门生产旅行用品的制造商密切合作，在金属框架上缝制定做的皮革外壳，通过将传统皮革工艺与框架制作技术相结合，她将传统工艺应用到一个概念性的设计提案中，为传统工艺的当代应用提供了一个新的视角，重新定义行李箱的含义，将其作为当代人工作和旅行的转变的标识。现在，莎拉有了自己的皮具品牌，并在线上和英国一些城市的线下精选商店中进行销售。此外，她在英国赫里福德郡的工作室还可以提供私人皮革制品的定制设计。

突破产品与生产工艺

张北 (Bei Zhang) 将设计重点放在生产和材料上，并以此为框架设计了一系列的美容工具。"美容"(Grooming) 系列的六种产品是用一种人发和生物树脂浇铸而成的复合材料制成的。将人的头发包裹在透明的亚克力棒上，然后浇铸到生物树脂中，接着进行一系列切割和打磨，从而模仿豹纹和龟甲的图案。这种材料让人联想到20世纪由珍稀动物皮、动物角和贝壳制成的那些奢侈品，而这些材料现在已经被禁止使用了。而张北在模仿珍稀材料的图案时，巧妙地用人类的头发代替，显然是以另一种视角来看待人与自然的关系：人类创造一种优雅的工具来整理我们的身体，而身体反过来又提供了装饰工具的材料——使用者、材料和功能之间形成了有趣的联系。毕业后张北一直在United Nude鞋履品牌工作。

突破时尚产品与社会主题

弗朗西斯卡·史密斯 (Francesca Smith) 的作品注重有关性别平等的历史和个人经历，她的个人经历也反映了在职场和更广泛的社会中一直存在的性别不平等问题。她将物品、配饰和服装作为这些案例研究的隐喻和代表，哑铃、工厂的工作服、书籍封面、皮带和钱包、木板和皮革板都装饰有草图和手写日记摘录，这些插图和文字承载着社会问题的声音，最终形成作为一种象征性叙事的人造物。

她毕业作品中的部分作品现在是伦敦博物馆归档的永久展品，这些当代艺术品呈现了100多年前伦敦女权运动的影响，是社会事件的数据补充和艺术表现。现在，弗朗西斯卡是一名高街零售品牌的珠宝首饰和配饰设计师。

安妮·弗勒·范德弗洛德 (Anne Fleur van der Vloed) 的身体状况导致她一直生活在痛苦之中，但她拒绝成为病痛的"人质"，不断尝试在工作中表达自

1

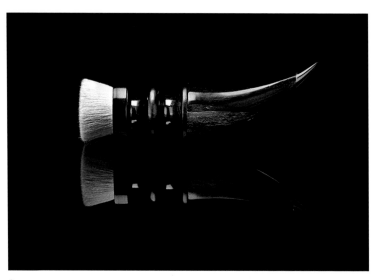

2

1. 莎拉·简·威廉姆斯, 拱形箱, 精选制作系列 (Crafted Collection) , 2009
   材料: 植鞣皮革、黄铜饰边和配件、实木
   摄影: 吉米·贝尔特兰 (Jimmy Beltran)

2. 张北, 脸部刷, 美容系列, 2016
   材料: 獾毛、胡桃木、生物树脂、人发
   摄影: 埃克斯·奥利弗 (Eks Oliver)

3

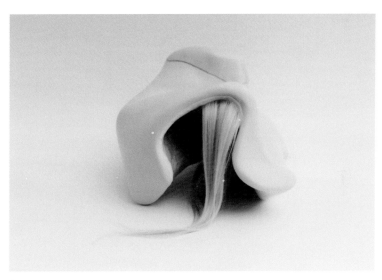

4

1. 弗朗西斯卡·史密斯，哑铃（Dumbbells），她的力量（The power of Her），2016
   材料：植鞣皮革、亚麻线、胶合板、铸铁
   摄影：乔·乔斯兰（Joe Josland）
2. 安妮·弗勒·范德弗洛德，身体的，2016
   材料：生物树脂、玻璃纤维、硅橡胶、人发
   摄影：埃克斯·奥利弗（Eks Oliver）

安娜·拉杰切维奇, 进化的另一面, 2012
材料: 塑胶、乳胶带
摄影: 妮可·维兹奥利 (Nicole Vizioli)

己生理上的痛苦感受，她的作品也成为她情感释放的一个途径。她创作了让人联想到抽象自画像的"身体的"（Bodily）作为毕业设计作品，这一系列铸造聚合物作品被雕刻成扭曲的形状，涂上与她肤色、发色完全相同的颜色，用皮革隐喻肌肤，这些笨拙变形的扭曲人体模型代表了她的身体外观，是对她身体疼痛感受的视觉诠释。

对安妮·弗勒来说，健康是一个现实问题。她试图将自己的作品定位为为医疗机构创作的公共艺术，从而在更广泛的社会环境中挑战讨论个人健康问题作为个人隐私的禁忌。她在荷兰鹿特丹的医院里举办了她的毕业作品展，并在那里接受治疗。

突破表演性的身体与假体

安娜·拉杰切维奇（Ana Rajcevic）创作了一系列名为"进化的另一面"（The Other Side of Evolution）的抽象的身体装置，它们延伸、变形并重新塑造了人的身体。安娜基于人类对速度的痴迷，提出这种隐喻人类进化的物件，将佩戴者和首饰转变成为新的身体装置。这些装置首饰采用了动物和人体工程学，高效且易于识别，该系列用于T台展示和表演道具。

毕业后，安娜的作品朝两个方向发展：一是与英国当代舞蹈团霓虹舞蹈俱乐部（Neon Dance）合作，为他们制作表演道具，探索物体在舞蹈和动态中的影响，在此，她的作品已不再是配饰或首饰，而是舞蹈和表演的重要媒介。二是安娜的研究探索了制造假体的新技术和环境，她也由此开始了与柏林神经机器人研究实验室的艺术家和科学家的合作项目。

在乔·柯普（Jo Cope）的硕士毕业设计中，她使用传统的制鞋工艺，开发了一系列与众不同的鞋子：夸张的、挤压的、扭曲的和超现实的，其中三对鞋子组成一个三角形的结构，共同作为一个装置或展示对象。乔将这个系列描述为个性和关系动态的隐喻，并将其作为人际交往中的交流工具。作为表演对象，乔将自己的作品设计为装置和可穿戴的内容，供表演者佩戴。作为装置，缺位的身体又要求观众想象她作品中所暗示的个性变化的人。毕业后，乔定期与

乔·柯普, 寻找爱 (Looking for love) , 2017
材质: 小牛皮、木头和黄铜
摄影: 奈杰尔·埃塞克斯 (Nigel Essex)

艺术家、舞蹈指导和表演者合作, 在时尚与表演领域进行实践创作, 她的作品将表演带入艺术画廊进行展览, 而不是放在舞台上。近期她开始在莱斯特的德蒙特福特大学时尚系任教并创办了工作室。

结语

探索工艺美术和设计、身体和装饰、首饰和雕塑之间复杂关系的途径, 是通过我自己的实践发展起来的, 而这也与伦敦时装学院的时尚配饰硕士项目的学生作品有着相同的关注点和主题。我们都在不断变化的环境中进行作品的创作和展示, 特别是在相关的艺术、工艺、设计和表演行业相互交叉的领域。

从首饰的背景出发, 我开始将时尚定位为一种创造性的环境, 在这里, 作为实践者和教育者, 我始终如一地专注于身体, 将身体作为对抗穿戴、装饰、暗示和抽象的场域和手段。我用上文毕业设计项目案例来说明该课程是如何使学生从时尚教育的设计概念和创意基础发展到制作和展示超出最初概念框架的作品。这清楚地表明，他们所接受的教育和训练并不会限制他们作品的形式、内容和特征。设计创作的职业道路发展同时也是他们的作品之一。手工艺技术的发展，以及设计作品的不断创新，成为推动展示和使用首饰的场域不断发生变化的媒介。伦敦时装学院的时尚配饰硕士项目的平台为时尚的发展做出了重要贡献，时尚配饰超越了装饰本身，成为表达设计思维和生活方式的关键。正是通过这种方式，我将时尚配饰与首饰视为社会和文化的推动者。

同感评估技术在首饰设计创造力评估中的应用

Can Professional Jewellery Designers Using Consensual Assessment Technique (CAT) Achieve an Appropriate Level of Interrated Agreement When Judging a Specific Jewellery Design Creativity Task?

玛拉·斯安帕尼
Mala SIAMPTANI
设计师, 研究员, 英国伦敦时装学院客座讲师

同感评估技术（Consensual Assessment Technique, CAT）是英国评估创造力的一种评估技术。在该技术中，特定领域的专家被认为最有资格评价同领域设计师作品的创造力。本文将分析当前有关CAT在设计领域应用的研究，通过反思这些研究涉及的理论，将对这些研究予以探讨，尝试探索CAT能否可以适用于评估职业首饰设计作品的创造力。

基于CAT的应用要求，作者从7位专业首饰设计师收集了30件戒指设计作品，并评估这些作品的创造力、工艺和美学设计水平。除了研究这些数据与创造力和其他两个设计属性（工艺技术水平和美学吸引力）的关系之外，还会进一步分析每个维度上的评级是否相对客观。同感评估技术此前从未被用来评估首饰设计作品的创造力，因此本研究的结果极为重要，鉴于这一领域尚无其他研究，还应在未来进一步拓展相关研究。

引言

首饰设计师的创作不受任何拘束，有着无穷无尽的创意、主题、图案和历史的参考。首饰设计可以看作是设计师主观的自我表现，几个世纪以来，在不同时代的社会、经济因素影响下不断发展。这些年来首饰设计领域的扩展，越来越多的学院和大学提供了有关首饰设计和制作工艺的高等教育课程。多年来，首饰设计师一直试图通过发明新技术、探索不同材料或是通过研究某个事件来开拓新的创作领域与设计形式，不断拓展首饰设计的新边界。因此，首饰设计领域又可以分成几个子类别：高级珠宝、时尚配饰、当代首饰和艺术首饰。高级珠宝（Fine Jewellery）可以被认为是首饰设计领域的最早得到确定的一个类别，这一类别的设计是用珍贵的宝石材料为基础的创作，并且可以作为一种投资手段，或者是值得收藏并传给下一代的贵重珍宝。时尚配饰（Fashion/Costume Jewellery）指的是用相对廉价的电镀金属制作的，价格相对便宜的非贵重珠宝产品，用来装饰服装或搭配服装的物品。当代首饰（Contemporary Jewellery）旨在扩展首饰的基本的概念（包括材料、制作工艺和佩戴方式等等），指代在后现代思潮影响下的首饰创作，也是设计师和艺术家受当代艺术的影响下对首饰设计创作的理论与方法的探索或思考，这也许是首饰设计领域最难定义的一个类别,许多不同种类的对象和实践在满足一定的条件下都可以视为当代首饰的一部分。无论是时尚配饰、当代首饰还是艺术首饰(Art Jewellery),都打破了传统珠宝首饰设计观念的局限,首饰的价值不再取决于其制作材料的成本,作为一个不受限制的首饰创作类别,艺术首饰与当代首饰密切相关,它注重创新思维和创造性表达,是位于在艺术创作和首饰设计两者之间的地带。

与大多数设计学科与专业一样,首饰设计过程的出发点是最初的设计理念,在设计中用视觉方式来传达这些想法,然后通过各种工艺以形成具体的概念和形象。在竞争激烈的商业首饰设计领域,创意和新颖的设计图稿会脱颖而出,并因其独特的设计与审美而广受市场赞誉。尽管如此,这些首饰设计的创造并不一定是原创,尤其是在工业首饰与高级珠宝领域,小面积和局部的抄袭与复制的设计相当常见——从制造工艺的角度来看,这种复制设计品可以节省制作的时间。通常大量生产工业首饰和快时尚配饰的地方都将当代首饰和艺术首饰看作是首饰设计之外的类别,因为他们很难理解那是什么。尼勒(Kneller, 1965)认为,创造力的悖论之一是,为了获得最初的思考,我们必须熟悉他人的想法。这种情况可以在首饰设计中得到验证——每一位创作者都会从其他设计师那里获得灵感,从而设计出更新颖或更理想的作品。

长期以来,对创造力研究感兴趣的哲学家和心理学家一直在质疑设计过程和最后产品之间的关系。罗德斯(Rhodes, 1961)试图组织创造力研究,发展了"创造力的四P要素"模型,该模型将创意人员(Person)、产品(Product)、流程(Process)和媒体媒介(Press)(即语境Environment)分隔开来,罗德斯指出:"'创造力'这个词是一个名词,用来表达一个人传达一个新概念或新思想的能力。心理活动(或心理过程)在定义中是隐含的,当然没有人可以生活或工作在真空中,所以'创造力'一词也是隐含的。"

多年来,许多研究人员试图定义创造力,斯坦(Stein)和阿马比尔(Amabile)的定义是很重要的。1953年,斯坦在他对创造力的定义中引入了"有用且新颖"的这一术语:"创造力是一个产出新颖性事物的过程,这种新颖在某个时间点被很多人认为是有用的、有价值的或令人满意的。"(Stein, 1953)而阿马比尔在1983年指出:"只要创作者认为通过个人的付出生产制作的一个产出是创造性的,那么这个人就是具有创造力的。……创造力也可以被看作是一个创作的过程。"斯坦博格 (Sternberg, 1991) 对这种精确的定义提出了质疑,并建议创造力的定义需要延展和重新讨论。

但是对于科学研究人员而言,似乎对"创造力"的评估有很大的兴趣,并且已经构建并实施了许多方法,例如发散性思维测试、自我评估清单或产品产出判断。大多数研究集中在测量发散性思维上 (Wallach & Kogan, 1965; Getzels & Jackson, 1962; Torrance, 1966),其中,托伦斯创造性思维测试 (Torrance Test of Creative Thinking, TTCT) 是近年来最常用的测试 (Davis, 1997)。虽然托伦斯创造性思维测试侧重于理解和培养有助于人们表达创造力的品质,但它不一定可以去评估创造力的级别。托伦斯提出,TTCT能够帮助了解个人心智的发展水平和功能,可以为个性化教学找到有效的途径,也可以检查教育计划和教学手段的效果。其中大多数的测试方法与智商测试有很多相似之处,并且是为了明确个体差异的最大化而建设的。亨尼斯等人 (Hennessey等, 2011) 指出,现有的主观评估方法都依赖于产出的结果,而这些结果又在很大程度上取决于参与者的职业技能水平。尽管如此,在评估一个结果是否具备创造性时,还是需要不同的方法和使用不同的评估工具,例如在教育系统,教育者可以用不同的工具对学生创造性产出进行评级。朗科 (Runco) 指出,发散性思维测试尚未得到社会认可,因此他在1984年创建了"教师对学生创造力的评价"(Teachers' Evaluation of Students' Creativity, TESC)。该工具是为教师理解创造力而开发的,后来被用于评价与区别有天赋、有才华和非天才儿童的创造力差异,结果表明社会的普遍认同与创造力评估机制相关,根据参与项目测试的教师的判断,发散性思维测试的模型可以被认为是相对有效的工具。

尽管这些工具已经得到了较好的应用,并在创造力研究中提供了有价值的判断,但是对于本项目特定的研究主题,我们还是采用了另一种不同的方法来衡量首饰设计师的创造力是否与能够被认知,这种衡量创造力方法的评估重点是在产品的创新性上。选择同感评估技术 (CAT) 是因为它基于这样一个理念,即艺术作品、理论或任何其他人造物的创新性的最佳衡量标准,就是该领域专家们的综合评估结果（Kaufman等，2008b）。即使借助行业专家的经验和认知来评价产品创新性的想法已经存在了相当长的时间，但是一直都没有系统与相对的标准，直到同感评估技术由特蕾莎·阿马比尔（Teresa Amabile，1982）创建。

这种方法已经广泛应用于创造力的研究，被称为创造力评估的"黄金标准"（Carson，2006）。它最广泛的用途是在理论研究中，因为它是基于对参与者创造的实际产品的判断进行量的比较，而不与任何特定的创造力理论相联系，它模拟了"现实世界"中评估创造力的方式，但是相对客观。与发散性思维测试不同，CAT的参与者无须回答一系列预先设定的项目或问题，只需生产创造一件实际物品。

阿马比尔（1982）将创造力定义为只有在他人都认可的情况下才存在。这可能是CAT唯一的理论基础——相信某一特定领域的专家能够理解并认可创造力的价值。不同于任何其他的创造力测量方法（例如发散性思维测试），CAT不依赖于研究人员选择正确的标准，正因为没有明确的标准，CAT变得更加强大。而当任何特定领域的专家在该领域都无法识别创造力时，那么对创造力的评估就没有任何意义（Baer，1994b）。

108

先前使用CAT的研究人员证明，虽然产品的创新性可能难以通过具体的特征来描述，但当人们看到它时就可以识别并达成共识。此外，熟悉某一特定领域的人可以在这一观点上相互认同。CAT在诗歌、绘画、T恤设计、广告、短篇小说、音乐、拼贴画等方面已经被用来衡量个人和群体的创造力和创新性。拜尔和麦克科尔在他们2009年发表的论文中主张，CAT确实可以用来评判几乎任何被认为是富有想象力或原创性的作品的创造力等级（Baer & McKool，2009）。

阿马比尔（Amabile，1983/1996）使用CAT来比较不同动机约束下的创造力表现，而其他研究则调查了创造力在性别和人种间的差异化（Kaufman等，2004）。拜尔（Baer，1994a）还研究了在特定领域创造力的稳定性。阿马比尔（1996）在一系列研究中发现，当参与者得到某种奖励后，创造力的表现似乎通常会处于较低的水平。在1997年和1998年进行的后续研究中，拜尔调查了"动机限制"的影响和研究，以及它们如何影响男孩和女孩的创造力，结果表明男孩在"动机"的驱使下会比女孩表现出更高的创造力。

在亨尼斯于1994年进行的研究中，30名本科生担任了14名高级心理学学生在苹果电脑上创作的20种几何图形的评委，创作过程和结果都通过专门为该研究编写的程序系统存储在计算机上。30名评分者被分成两组，一半的人只评估最终产品，另一半的人不仅评估最终产品，还评估创作的过程。这项研究的结论是，当使用CAT时，未经培训的评价者可以识别和认同图形设计的创造力、技术优良性或美学吸引力。

杰弗里斯（Jeffries，2012）解释了设计期刊中很少有CAT研究的存在。可能正是因为CAT与创造力的任何特定属性没有联系，或者是因为对其作为设计创造力衡量标准的有效性的担忧。在最近的一项研究中，杰弗里斯（2015）调查了CAT作为平面设计创造力衡量标准的可靠性。此外，这项研究还探讨了放弃技术执行在评估该领域的创造力时的影响。这项研究的结果显示，评分者的可靠性是可以接受的，当评委们被要求在评估创造力时不考虑创作的过程时可靠性更高。

瓦格尔斯多特等（Valgeirsdottir等，2015）受1994年亨尼斯的CAT设置的启发，要求他们的评委评估创造力、技术优良性、美学吸引力的同时，增加了对购买能力的评估。研究人员得出结论，当增加诸如购买能力或可能与消费者行为相关的其他属性时，CAT不是一种合适的评估方法。

试点研究

乌得拉支（Untracht，1985）指出，首饰设计师的设计知识不仅通过亲身实践经验获得，还通过观察与思考进行。"识别和理解概念并应用实践过程的能力，使得首饰设计师与任何作品之间的深刻'对话'成为可能。"因此，首饰设计师应该能够评估该领域设计的产品的创新性。然而，由于CAT以前从未应用在首饰设计领域，必须在主要研究之前对该方法进行试点研究。

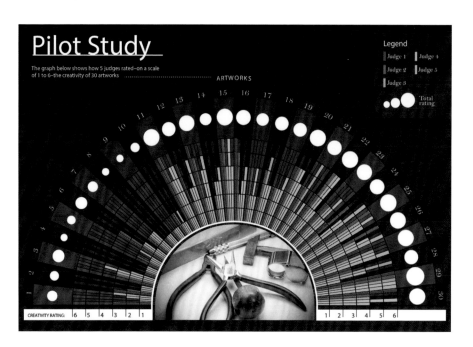

试点研究的CAT评分

这项试点研究的重点是评委们的共识,而不是参与者以及可能会影响创造力的教学或环境因素的影响。因此,根据考夫曼等人(2008)的指示,CAT基于以下理念:艺术作品、理论或任何其他人造物的创造力的最佳衡量标准是该领域专家的综合评估,邀请了5名专家,对30项设计进行评级。

对于许多CAT研究来说,在实验条件下,参与者需要在相同条件下创作出一件作品。拜尔等人(2004)指出,CAT的标准格式是让专家判断在相同条件下(所有参与者均受相同的指示和时间限制)创作的艺术品的创造力。但最近的研究表明,当产品在相同条件下创作时,CAT也可能发挥作用。因此,为了这次试点,选择了专业人士在2009—2013年设计的30幅现有首饰戒指设计稿进行评估,这些作品都是平面白色背景上设计的透视图。

考夫曼和拜尔(Kaufman & Baer, 2012)就谁将是判断特定产品创造力的合适专家提出了建议,因此考虑了5位专家,他们在当代首饰、高级珠宝或艺术首饰领域拥有至少30年的专业经验。评估过程中,与这些评委单独会面,并向他们展示了这30件作品，要求评委仔细检查首饰作品，并对它们的创造力进行评分，而无须以任何方式解释作品的评级。评委只被要求使用他们自己的感觉进行总体判断，在对这些设计评级时以他们自己对创造力的主观定义对作品进行评判，然后将作品分为低、中或高三个等级。最后，评委还需给出一个介于1和6之间的分值（1表示最不具创造力的，6是最具创造力的）。一旦获得了评委的评分，便会对其可靠性进行分析，这是应用同感评估技术时的标准程序（Valgeirsdottir & Onarheim, 2015; Kaufman等，2008a），为了评估试点研究的可靠性，必须进行克朗巴哈系数（Cronbach's alpha）的计算。

根据亨尼斯等人（2011）的说法，如果可接受的相关系数水平是0.7，那么这个试点研究的克朗巴哈系数的计算值是0.899，其结果是高度可接受的。亨尼斯等人指出，尽管产品的创造力很难用具体的特征来描述，但当人们看到它时，它是可以被识别并达成共识的。

111

核心研究

这个项目的关键是发现如何在首饰设计中衡量创造力。就本研究而言，创造力被定义为只有在被他人认可时才存在。此次试点研究的结果表明，在使用CAT时，评委可以就首饰设计的创意与否达成共识。

这项研究之所以使用了同感评估技术，是因为它是一个主观的评估工具，因此遵循了我的阿马比尔设定的要求：评委们都熟悉相关领域，独立进行评估，并受命根据作品彼此之间的优劣进行评分。此外，为了防止偏见，所有评委均以不同的随机顺序观看作品。由于CAT首次应用于首饰，因此评委小组不仅要像试点项目那样评估创造力，还要评估技术执行力和美学吸引力。设置这些是为了了解这些其他特征如何与创造力判断相关联（如果有的话）。

亨尼斯等人（2011）为镜像现实生活评估提供了建议，在这种评估中，如果研究人员允许评委运用他们自己对创造力的定义，而不是给他们强加特定的定义，他们会得到更好的结果。因此，在本研究中，没有向评委提供创造力的定义。贝尔和麦克科尔（2009）指出，由于CAT是唯一一种不与任何特定的创造力理论联系在一起的方法，因此它不受正在进行的有关领域特异性争论的影响。

在继续评估各种限制条件对创造力表现的影响时，考夫曼、拜尔和詹特莱（Kaufman & Baer & Gentile, 2004）的研究似乎非常有用——不同性别、人种和族裔的CAT分数几乎没有显示出差异的证据。因此，不应将使用来自12个不同国家的参与者视为一种矛盾。

任务选择

尽管从历史上看，首饰是由各种各样的材料制成的，从纺织品到玻璃、木材、塑料或贵金属和宝石，但本研究的参与者还是被要求在首饰设计中以银作为主体材质（占材料的80%以上），其余20%可以是他们选择的任何材料。此外，还要求他们在A4纸右下角对使用的材料和颜色做一个简短的解释。他们被要求尽可能地发挥创造力，并给他们举了一个应该如何完成这项任务的案例。

参与者

在收集大学生的简短回答时，可以发现他们有明显的相似性，因此，研究必须有多类型的其他参与者，如专业人士和行业新手。评委们可能会发现给水平过于平均的设计评分很有挑战性，研究中应该向他们展示多元化的、不同水平的艺术作品（Jeffries, 2015）。因此，最终选择30名参与者参与本研究，除了7名首饰设计的专业人士和9名行业新手外，还有14名学生，其中9名是二年级和三年级本科生，5名是研究生，共同呈现给评委一系列作品。

亨尼斯（1994）的评估中，参与者因参与课程而获得学分，在后来的一系列研究中，阿马比尔（1996）发现，参与者在完成要求的任务后，会期望得到某种评价甚至奖励，这通常会导致较低的创造力表现出现。因此，本研究的参与者没有得到这样的承诺。拜尔和奥尔德姆（2006）在之前的研究中指出，时间压力会影响人们的创造力表现。穆勒和卡姆达尔（Mueller & Kamdar,

材料:
银、红宝石

主要研究的任务选择

2011) 也指出社交约束,如寻求队友的帮助,除了能在动机和创造力之间建立关系之外,还能帮助促进创造力,一些资源或社会约束可能会影响人们创造性地解决问题。因此,本研究的所有30名参与者都获得了相同的确切指示,和一周的时间来完成他们的设计,由于一些新手无法画出他们的设计,因此给了他们一周的时间来思考他们的设计,然后再与我进行20分钟的支持会议,以帮助他们完成需要的方案。

合适的评委

考夫曼等人 (2008) 指出,CAT是基于这样一种观点,即对艺术作品、理论或任何其他人造物的创造力的最佳衡量标准是该领域专家的综合评估。阿马比尔 (1996) 指出,过去用CAT对艺术品进行评分的专家评委的平均数可以超过10,最少为2。这是因为评委人数越多,整体内部互评的可靠性相关性就越高 (Kaufman等, 2008a) 。同时,少于5名专家存在较大的风险,内部评估的可靠性较低,5到10名专家代表了一个足够大的群体,尽管对于所有评委而言,该领域内的专业知识水平并不必相同。因此,根据考夫曼和拜尔 (2012) 关于选定合适专家的建议,招募了7名首饰设计领域的专家,他们在该领域至少有30年的经验。

选择这组独立专家来对本研究中产生的30个戒指设计进行评分,因为他们熟悉设计的领域和参与者的背景。这些评委来自首饰的两个不同类别中: 3位来自高级珠宝,4位来自当代首饰,他们在该领域具有足够的经验,能够对创造力、技术执行力和美学吸引力有一定的思考与标准。

在阿马比尔 (Amabile, 1982/1996/2011) 的研究中, 评分者没有彼此互相交换意见, 以防他们以任何方式影响对方的判断, 也没有接受研究人员的任何培训。给他们的要求是使用他们自己对创造力、技术执行力和美学吸引力的主观定义来对设计进行评价。

给评委的提示

在最近针对平面设计的研究中 (Jeffries, 2015), 结果表明, 当对技术执行力进行限定时, 可以使一组人在创造力水平上有所区别。因此, 本研究要求评委在评价创造力时, 除了美学吸引力、成本甚至市场潜力之外, 还要放弃技术执行力的考量。在评估创造力、技术执行力和美学吸引力时, 要求评委们仅仅根据这些属性中的单独一个来给戒指打分。这样做的原因是为了判断评委们能否区分每一个属性和创造力的关联。

应杰弗里斯 (Jeffries, 2015) 的要求, 给评委们的一组提示是参考考夫曼、拜尔、科尔和塞克斯顿2008年研究的综合版本, 同时引用了1993年拜尔给专家的CAT的提示:

"请仔细阅读这些艺术作品, 并对它们的创造力进行评分。无须以任何方式解释或讨论你的观点; 我们只要求你使用你自己的感觉, 这种感觉就是 (相对于提供的其他首饰参与作品而言) 你对创造力高低的认知。我们意识到创造力可能与人们可能考虑的其他标准相重叠 (例如: 美学吸引力、技术执行力、成本甚至市场潜力), 但是我们要求您仅仅根据它们的创造力来对艺术品进行评估 (Baer, 1993) 。

请将这些艺术作品浏览三遍, 并对其创造力进行评分。

第一遍, 熟悉所提供的所有艺术作品。

第二遍, 将艺术作品分为低、中或高等级。

第三遍, 给一个介于1和6之间的数字评分 (1是最没有创造力的, 而6是最有创造力的) 。"

正常情况下，每一分值都应该有大约均匀数量的艺术作品，使用完整的1—6的评分非常重要。在这项研究中，在与评委会面时，所有7名评委都遵循了同样的程序。

结果

这项研究有来自12个不同国家的参与者和来自6个国家的评委。同意参加这项研究的30名参与者是27名女性和3名男性，平均年龄略高于27岁（标准差7.85，中位数26）。评委为4名女性和3名男性，年龄从32到63岁不等，平均年龄不到42岁（标准差11.04，中位数39）。所有7名评委都是专业的首饰设计师，在该领域拥有6年至35年的经验，平均超过15年。克朗巴哈系数是针对每一个额定属性进行的，这是使用CAT时的标准流程。这项计算有助于确定解释合计得分的合理性，并提高解释本研究数据的有效性和准确性。对于这个戒指设计，所有7名评委的创造力评分高度一致，α值为0.86。尽管结果显示技术执行力（α=0.84）和美学吸引力（α=0.80）的一致性稍差，但对于这所有三个属性的可靠性还是高度可接受的。

创造力评分的分布（偏离度=0.73）、技术执行评分（偏离度=-0.26）和美学吸引力分布（偏离度=0.66）。我们可以看到，特别是对于创造力评分，分数是呈正偏离的，而更多的分数集中在较低的值附近。

计算所有30种戒指设计的所有评委评分的总和，并通过皮尔逊相关系数r值（Pearson's r）进行相关分析，以测量这些变量之间的线性关系程度。创造力和技术执行力之间有明显相关性，皮尔逊相关系数r值为0.52，这表明除了在0.001水平上有显著相关性（单尾检验）之外，分数之间也有很强的正相关性。创造力和美学吸引力之间的相关性强度显示皮尔逊相关系数r值为0.86，两个属性之间没有非常强的正相关性。技术执行力和美学吸引力之间的相关性强度，r值为0.59，表明存在很强的相关性。

本研究旨在检验以下三个问题：①专业首饰设计师是否能够可靠地被评估特定戒指设计任务的创造力等级？②这些评委是否有可能将创造力与技术

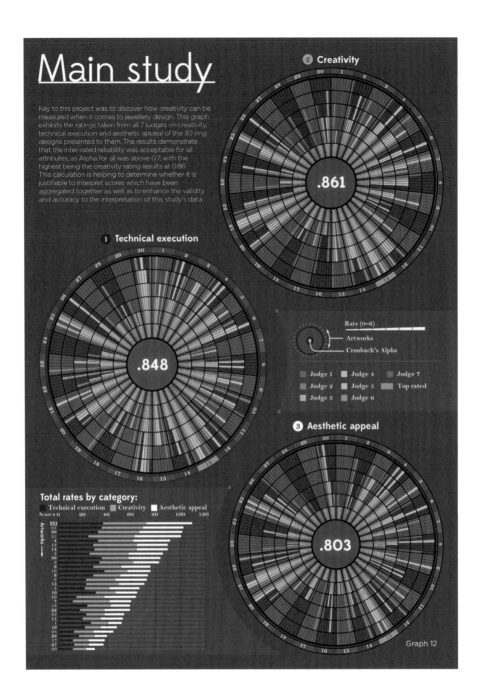

Main study

Key to this project was to discover how creativity can be measured when it comes to jewellery design. This graph exhibits the ratings taken from all 7 judges on creativity, technical execution and aesthetic appeal of the 30 ring designs presented to them. The results demonstrate that the inter-rated reliability was acceptable for all attributes, as Alpha for all was above 0.7, with the highest being the creativity rating results at 0.86. This calculation is helping to determine whether it is justifiable to interpret scores which have been aggregated together as well as to enhance the validity and accuracy to the interpretation of this study's data

② **Creativity**

.861

① **Technical execution**

.848

Rate (0–6)
Artworks
Cronbach's Alpha

Judge 1   Judge 4   Judge 7
Judge 2   Judge 5   Top rated
Judge 3   Judge 6

③ **Aesthetic appeal**

.803

Total rates by category:
Technical execution   Creativity   Aesthetic appeal
Score ▶ 0   20   40   60   80   100   120

Graph 12

主要研究的CAT评分

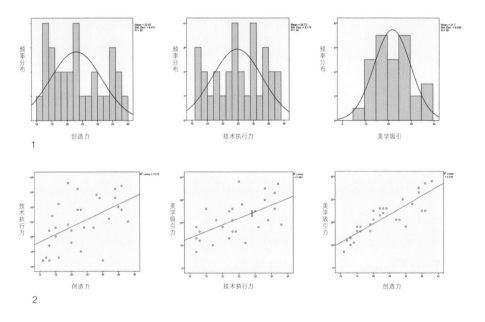

1

2

1. 创造力评分的偏离度
2. 创造力评分的相关性

执行力和美学吸引力分开来判断? ③如果是, 这些单项评级之间又有什么关系?

虽然CAT被一些研究人员认为是评估创造力的一种杰出方法, 但在设计期刊上却很少有研究 (Jeffries, 2012), 造成这种情况的另外一个原因可能是使用CAT需要占用大量的资源。与大多数其他创造力评估方法相比, CAT需要更多的时间, 特别是专业评委的时间, 评委小组的组建不是一件容易的事, 对于这个特定的项目, 不能用新手代替专家 (Kaufman等, 2008a)。

由于以前没有使用CAT来调查创造力和首饰设计之间的关系的先例研究, 因此这项研究的结果可以被视为未来类似研究的基础。试点和主要研究的结果表明, 所有属性的内部相互评价可靠性都是可以接受, 它们均在0.7以上, 其中试点研究的可靠性结果为0.89。与其他设计直接相关的少量研究一样, 本研究中的CAT在首饰领域已显示出足够的共识。

当问及什么样的任务可以衡量创造力时, 在这项研究之前答案还并不太清楚。在不同条件下创作的艺术作品中的创造力仍然可以在CAT中使用, 因为似乎没有限制来阻止评委比较这些艺术作品。然而，考夫曼等人（2008）建议，艺术作品必须是同一种类的，不能指望评委对不同艺术作品做出有效的比较评级（Kaufman & Baer & Gentile, 2004）。根据这些结果和建议，对于试点研究和主要研究，最终选择一种首饰品类呈现给评委，而不是给他们呈现不同的品类，如项链、手镯和戒指等。选择戒指是因为它结构比较简单，参与者才设计时比较便于操作，并且最适合评委进行评分和判断。

试点研究中发现设计缺少多样性的表现，而在主要研究中解决了这个问题。这是为了让评委们更好地理解作品的任务设置。任务设计中对材质的限制，实际上是为了在30份设计中达到某种程度的均匀性，选择这种所有评委都熟悉的材料。A4纸上使用什么颜色或介质没有限制，只要所有3个设计视图都清晰显示即可，参与者也可以自由使用CAD辅助设计。参与者在A4纸右下角提供的关于作品的说明，也让评委对每一项设计的思路有更清楚的了解。

根据亨尼斯（Hennessey, 1994）的观点，如果所有的评估作品以相同的顺序展现给评委做出判断，评估结果会呈现很高程度的一致性，这种结果将是不可靠的。出于这个原因，每个评委看到的戒指作品的显示顺序是不同的，以保证研究较高的可靠性。除了创造力、技术执行力和美学吸引力之外，还提供了一些建议，供评委进行评价。本研究在前人研究的基础上，验证了CAT评估在30个戒指设计的各维度的主观判断评分，及每个维度的相关联与独立程度。在阿马比尔的论文（1996）中，研究人员发现评委能够将创造力与其他方面区分开来。然而，在较早的一项研究中，亨尼斯（1994）指出，在某些领域，结果与评委对产品技术优良性或美学吸引力的评估没有关联，可能很难获得相关的创造力评级。本研究的结果表明，虽然专家们对创造力的判断是一致的，但与技术执行力和美学吸引力的判断存在显著的差异。另一种可能的解释是，在首饰设计领域，一件有创意的作品也必须在能够实现创新的同时还是美观的。一件首饰的美学内涵不在于它由珍贵的材料制成的，而在于它的设计美感，由于首饰总是会与佩戴者的个人外表联系在一起，因此存在着对首饰的审美差异的意识。相反，某些作品传达的信息可能与既定的主流审美观点背道而驰，佩戴时需要不同类型的表现。设计戒指的简要说明也已经被证实是一项判断依据，同样可以揭示创作思路与作品显现的创造力、美学吸引力和技术执行力之间的关系。

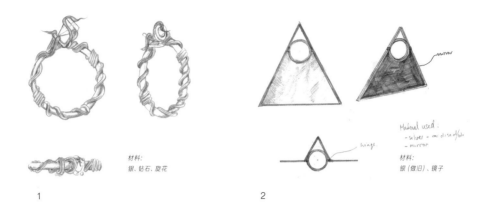

材料：
银、钻石、旋花

材料：
银（做旧）、镜子

1   2

1/2. 其中的两份戒指设计作品

本研究表明，在评估首饰设计的创造力时，CAT是一种有价值的方法。这项研究在现有研究的基础上补充了以下观点，即在任何时候，没有比该领域一群专业人士的集体意见更有效或相对客观地衡量艺术作品的设计创造力了。然而，毫无疑问，专家们可能并不总是彼此同意，随着时间的推移，他们的观点可能会改变，尤其是对于首饰设计这样的领域，时尚趋势变化之快，会影响设计理念的走向。

局限性和建议

然而，这项研究仍有一些局限性。首先，在首饰设计中来自两个不同领域（当代首饰和高级珠宝）从业的专业人员可能会对结果产生影响。未来的研究可以调查不同评委群体之间任何可能存在的个体差异。随着不同材料的使用逐渐脱离传统的首饰概念，在高级珠宝领域什么是创造力，在当代首饰或艺术首饰领域什么是创造力，这两者之间可能存在差异。因此，应该进一步研究这些领域之间的相互关系。

谈到当代艺术时，人们可能会认为创造力可能高度依赖创作过程与艺术家的观念。在瓦格尔斯多特、欧纳海姆和加布里埃尔森（2015）的研究中，研究人员调查了有关产品开发过程背后的信息是否在评估创造力过程中发挥了作用，结果显示影响不大也不显著。然而，在首饰方面是这样吗？如果在首饰设计评估中向评委展示有关设计概念的信息，对创造力水平的认知会增加吗？

随着近年来技术的飞速发展，CAD辅助设计在设计中发挥了重要的作用，如今，CAD已经突破了首饰设计的界限，CAD的使用可以节省大量的设计时间，此外还可以制造复杂的零件，而这是我们在过去无法实现的。

如果当代首饰的诞生是设计师们试图反抗该领域局限性（依赖技术和电脑绘图）的结果，那么应该采取什么措施来评估新一代首饰设计师的工作呢？未来的研究可以探索CAD在设计领域对创造力的影响程度吗？

结语

先前的研究人员致力于开发和验证用于量化创造力的同感评估技术（CAT），以及各种创新产品的种种方面的评估，这使得创造性研究中的各种实验研究成为可能。尽管三十多年来，研究人员一直使用CAT进行创造力研究，但首饰设计领域似乎一直是片空白。本项研究可被视为进一步研究的基础。

本研究并不是在寻找创造性思维的度量方法，而是在评估实际的产品的创新性，CAT在创意行业是一种有效的评估方法。它还具有许多潜在的应用空间，但它也并非是没有限制的，例如为参与者起草一份适当的提示，以及在召集参与者和专家评委小组时非常耗费资源。研究的问题涉及一组专家能否就他们认为首饰具有创造力、技术上执行优良和美学上有吸引力的问题上达成共识，而无须提供这三个属性的精确定义。

从目前的研究结果可以得出结论，在首饰设计中，CAT是单项判断评估产品创造力、技术执行力和美学吸引力等属性的合适的方法。但是结果也表明，技术执行力和美学吸引力与创造力之间存在显著的关系，现实中无法完全把它割裂开来，因此有必要进行进一步的研究，以研究这三个属性之间的重叠性和相互影响。

参考文献

AMABILE T M, 1982. Social psychology of creativity: a consensual assessment technique. Journal of personality and social psychology, 43(5): 997-1013.

AMABILE T M, 1983. The social phycology of creativity. New York: Springer.

AMABILE T M, 1996. Creativity in context: update to the social psychology of creativity. Boulder: Westview.

BAER J, 1994a. Divergment thinking is not a general traid: A multi-domain training experiment. Creativity Research Journal, 7: 35-46.

BAER J, 1994b. Performance assessments of creativity: do they have long-term stability. Roeper Review, 7(1): 7-11.

BAER J, 1997. Gender differences in the effects of anticipated evaluation on creativity. Creativity Research Journal, 10: 25-31.

BAER J, 1998. Gender differences in the effects of extrinsic motivation on creativity. Journal of Creative Behavior, 32: 297-300.

BAER J, MCKOOL S S, 2009. Assessing creativity using the consensual assessment technique// SCHREINER C. Handbook of assessment technologies, methods and applications in higher education. Hersey: IGI Global: 65-77.

BAER M, OLDHAM G R, 2006. The curvilinear relation between experienced creative time pressure and creativity: moderating effects of openness to experience and support for creativity. Journal of Applied Phycology, 91(4): 963-970.

CARSON S, 2006. Creativity and mental illness. New Haven: Invitational Panel Discussion Hosted by Yale's Mind Matters Consortium.

DAVIS G A, 1997. Identifying creative students and measuring creativity// COLANGELO N, DAVIS G A. Handbook of gifted education. Needham Heights: Viacom: 269-281.

GETZELS J W, JACKSON P W, 1962. Creativity and intelligence: explorations with gifted students. New York: John Wiley and Sons.

HENNESSEY B, 1994. The consensual assessment technique: an examination of the relationship between ratings of product and process creativity. Creativity Research Journal, 7(2): 193-208.

HENNESSEY B, AMABILE T M, MUELLER J S, 2011. Consensual assessment//RUNCO M, PRITZKER S R. Encyclopedia of creativity. Boston: Academic Press.

JEFFRIES K K, 2012. Amabile's consensual assessment technique: why has it not been used more in design creativity research//Proceedings of the 2nd International Conference on Design Creativity, 1: 211-220.

JEFFRIES K K, 2015. A CAT with caveats: is the consensual assessment technique a reliable. Bangalore: The Third International Conference on Design Creativity.

KAUFMAN J C, BAER J, 2012. Beyond new and appropriate: who decides what is creative? Creativity Research Journal, 24(1): 83-91.

KAUFMAN J C, BAER J, COLE J C, et al., 2008a. A comparison of expert and nonexpert raters using the consensual assessment technique. Creativity Research Journal, 20: 171-178.

KAUFMAN J C, BAER J, GENTILE C A, 2004. Differences in gender and ethnicity as measured by ratings of three writing tasks. Journal of Creative Behavior, 39: 56-69.

KAUFMAN J C, PLUCKER J A, BAER J, 2008b. Essentials of creativity assessment. New Jersey: John Wiley and Sons.

KNELLER G F, 1965. The art and science of creativity. New York: Holt, Rinehart and Winston.

MUELLER J S, KAMDAR D, 2011. Why seeking help from teammates is a blessing and a curse: a theory of help seeking and individual creativity in team contexts. Journal of Applied Psychology, 96(2): 263-276.

RHODES M, 1961. An analysis of creativity. The Phi Delta Kappan, 42(7): 305-310.

RUNCO M A, 1984. Teachers' judgments of creativity and social validation of divergent thinking tests. Perceptual and Motor Skills, 59: 711-717.

STEIN M I, 1953. Creativity and culture. The Journal of Psychology, 36: 311-322.

STERNBERG R S, 1991. Three facet model of creativity//STERNBERG R S. The nature of creativity: contemporary psychological perspectives. Cambridge: Cambridge University Press: 125-148.

TORRANCE E P, 1966. The Torrance tests of creative thinking-norms-technical manual research edition: verbal tests,forms A and B – figural tests, forms A and B. Princeton. Personnel Press.

UNTRACHT O, 1985. Jewellery, concepts and technology. New York: Doubleday Dell Publishing Group Inc.

VALGEIRSDOTTIR D, ONARHEIM B, 2015. Beyond creativity assessment: comparing methods and identifying consequences of recognized creativity. Bangalore: The Third International Conference on Design Creativity.

VALGEIRSDOTTIR D, ONARHEIM B, GABRIELSEN G, 2015. Product creativity assessment of inovations : considering the creative process. International Journal of Design Creativity and Innovation, 3(2): 95-106.

WALLACH M A, KOGAN N, 1965. Modes of thinking in young children: a study of the creativity–intelligence distinction. New York: Holt, Rinehart and Winston.

推动材料的可持续发展

以SILENT GOODS品牌为例

Sustainability through Materials
An Approach by SILENT GOODS

福尔克·科克
Volker KOCH

Silent Goods品牌创始人，皮具设计师与设计顾问，前爱马仕皮具设计总监，伦敦中央圣马丁学院客座讲师

在Silent Goods品牌的建设过程中，我们认为不是每件配饰都需要高调发声以引起注意的。以无声的美学塑造奢侈品，为品牌设计中性而精美的产品，为了平衡不断变化的时尚潮流，Silent Goods品牌设计了一系列经典的原型包，团队为了一个共同的目标，坚持手工制作，将毕生热情和技巧投入到品牌的工艺中。可持续发展和透明营销作为Silent Goods的品牌文化一直贯穿在品牌的发展过程中，希望通过选择最令人难以置信的、可持续的材料产生积极的社会影响，并以透明、合理的价格直接提供给消费者。本文概述了Silent Goods的品牌文化，重点介绍了使用可持续材料设计和生产的过程，并阐述了使用者与产品的情感联系及其对可持续发展的重大影响。

经典的原型包
摄影: 安迪·马龙 (Andy Malone)

Silent Goods 品牌文化

没有标志

完全去除所有标签、标志和无意义的细节，Silent Goods品牌以保持低调的真实品质为品牌特质，不以炫耀和抢眼的品牌标识讨消费者欢心，强调自然的个人风格，而不是被品牌所"劫持"。

可持续材料

所有的人工制造都会不可避免地给自然环境造成影响。Silent Goods品牌的承诺是减少碳足迹，留意生产环节中的每一步。使用合适的材料是我们对可持续发展理念的最新反馈，对此，品牌已经在材料选择上做出了很多努力。

可修复性

产品损坏时丢弃产品不应该是唯一的选择，一个用优质材料精心制作的包袋，精心打理可以有很多年的使用寿命。为此，Silent Goods品牌不仅提供日常的维护，需要时还可以提供修补服务。

透明营销

Silent Goods品牌选择对消费者展示其所做的一切完全公开化，每个包里都嵌入了一个数字标签，只需用手机扫描一下，消费者就可以获得关于包的所有信息，记录从生产到销售的所有细节。甚至可以追踪整个供应链，追踪每种材料的源头，并确切了解这些过程是如何影响消费者支付的价格的。

选择合适的材料

在材料选择的过程之初，品牌发现对供应链和价值链有透彻的了解是至关重要的。这也意味着需要核查和评估供应商组件制造过程中的每个步骤。

由此，品牌可以逐渐设定选择组件的标准。通过多次合作建立供应商的标签，如"回收"或"有机"等，更易于传达Silent Goods品牌的材料选择标准。这些标签很容易理解为好的或坏的、便宜的或昂贵的、可持续的或污染环境的，但实际上，这种方法并不代表产品的真正本质。"有机"并不总是意味着环境友好，而"合成"也不总是意味着对环境有害。一旦标准确定，就可以评估和考虑每个组件的适用性、环境影响和寿命，一个皮包的典型组件包括：皮革、织物、金属配件和拉链、加固材料、黏合剂、缝合线和包装材料等。

皮革

Silent Goods品牌仅使用一家制造商生产的单一品种的皮革，这是一种天然鞣制、经过认证的有机牛皮，经过测试和认证不含有害物质，是由瑞典拥有140年历史的特纳舍皮革公司 (Tärnsjö House of Leather) 生产，原材料全部是本地采购的，仅选用来自三个选定农场的皮革。

织物

关于衬里织物，Silent Goods品牌选择的是信誉卓著的德国劳夫曼姆勒 (Lauffenmühle) 纺织厂生产的耐磨的、经黄金认证的"摇篮到摇篮™" (Cradle to Cradle™) 245系列织物。

金属配件和拉链

Silent Goods品牌所有的金属配件都是中国坚力金属制造厂 (Kin Lik Metal Manufactory) 定制的配件，由无涂层的手工不锈钢制成。虽然其成本是目前市场上最高档的包袋配件的几倍，但对于品牌来说是值得的——它具有两个独特的优势：一是由于采用高质量的基础材料，配件表层不需要再镀上一层贵金属，而由于配件没有涂层或上漆，使用中不会磨损，避免了配件在使用过程由于磨损而出现褪色、材料层外露等情况。二是电镀和上漆会对环境产生破坏，省略涂层也减少了我们对环境的不良影响。

尽管著名的拉链制造商YKK可以提供基本的金属拉链，并配有可回收织带 (拉链的织物部分)，但品牌对该产品的处理方式并不完全满意，因此选择了他们的Excella拉链系列的顶级产品。品牌希望鼓励拉链制造商投资开发高端的可持续产品，这是目前市场上比较缺乏的。

加固材料

一个高质量的皮包在制作过程中还会使用许多不同的辅助材料，这些材料是肉眼看不到的，如基底底座和缝合针脚的加固材料，品牌尽可能选择使用天然和再生的加固材料，例如德国萨拉曼德 (Salamander) 有限公司生产的由90%再生皮革碎屑、天然脂肪和乳胶制成的皮革纤维板。

黏合剂

大多数皮革制品都是用氯丁橡胶黏合制成的,这是一种剧毒的溶剂型胶,需要专业设备来保护制造者的肺部。Silent Goods品牌选择无害的接触式黏合剂——德国雷尼亚 (Renia) 公司生产的Aquilim 315型黏合剂——这是一种对制造商和环境危害要小得多的水性黏合剂。

缝合线

关于接缝,品牌选择了德国居特曼 (Gütermann) 公司生产的MararPET缝合线。这种线是由100%再生聚酯制成,其原材料主要来自回收的饮料瓶,将收集的瓶子洗净,切成薄片后熔化,再拉成细丝制成MararPET系列线的基础材料。

包装材料

虽然产品使用的材料才是材料选择过程的重点,而非包装,但Silent Goods品牌对包装的材料也做出了周到的选择,为了运送包袋,品牌使用了通常会被大型商店丢弃的用过的和多余的硬纸板。当盒子到达客户家门口时,外包装可能看起来并不那么令人印象深刻,但是品牌相信它有某种内在的美——旧的硬纸板用白色纸胶带包装和封口,胶带上面印着"重要的,是里面的东西"。

Silent Goods包袋的防尘袋选择上,品牌与一家创新的芬兰初创企业合作,打造Silent Goods品牌独特的防尘袋,它由屡获殊荣的可持续材料——"PAPTIC"新型环保包装材料制成,用一种轻质耐用、但像纸板一样容易被生物降解的材料取代了传统的塑料制品。

产品与使用者的关系

尽管材料的选择会对环境产生重大的影响,但是品牌也明白,作为设计师及制造商,最大的影响是改变产品和使用者之间的关系。如果出于某种原因 (无论是由于情感或实际的原因) ,使用者在产品的使用寿命结束之前就丢弃了

1

2

1/2. 包装材料
    摄影: 安迪·马龙

该产品, 已经投入该产品制造的资源和这些资源的生态足迹就无法发挥其作用潜力, 资源实际上就被浪费掉了。

Silent Goods品牌相信在产品和使用者之间的这种纽带关系将对产品的可持续性产生非常大的影响。这种见解引发了品牌的反思, 而这些思考又影响了品牌的视角和产品设计:

(1) 如何生产一个不会在情感上失效的产品?

(2) 如何有效和轻松地修复物理上已经失效的产品?

(3) 如何创建一家能够为客户持续提供服务的公司? 如何在销售之后继续保持客户与产品的纽带关系?

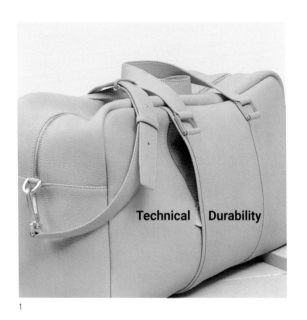

Technical Durability

2

1. 模块化结构的部件
   摄影: 安迪·马龙
2. 使用者与产品的的情感联系
   摄影: 安迪·马龙

为此, 在丹麦科灵设计学院 (the Designskolen Kolding) 制定的可持续设计卡片 (Sustainable Design Cards) 的帮助下, 品牌开发了四个支持和宣传产品与使用者情感纽带的组件。

为拆卸而设计

以模块化结构设计品牌的包袋和金属部件。如果部件因使用过程而损坏或断裂, 可以轻松地移除产品部件并用新部件替换它们。

技术耐久性

在产品开发阶段, 对产品进行一系列的风险评估, 旨在根据功能影响 (例如磨损、撕裂和老化) 来调整各种材料的耐久性与产品的预期使用寿命。例如, 在手袋产品的制造中, 通过测试可以识别和消除潜在的薄弱点, 通过不断加固这些薄弱点或通过用双缝线缝合来加固手柄及其连接点等部位。这样, 在产品的整个生命周期中, 从设计开始延缓使用中可能出现的破损, 最大限度地利用已经使用的资源, 减少生态足迹。

维护和维修

Silent Goods品牌为产品提供终身保修服务, 通过提供修复和免费的产品日常护理, 促进和鼓励使用者与产品建立联系, 同时建立对品牌的信任感。

审美人生

Silent Goods品牌有意识地在包袋中使用有机养殖、植物鞣制、不使用化学品处理表面的皮革, 随着时间的推移, 皮革会产生自然的光泽, 其独特的美学价值会随之增加。每种产品的光泽还会根据使用者所处的环境和习惯发生不同的变化, 这营造出一种历史感, 进而与使用者建立起情感联结。产品美学寿命最重要的一个方面是, Silent Goods品牌的包袋基本上都是限量发售, 而不是从工业设计角度出发持续提供流行的款式。相反, 品牌特意没有遵循时尚行业的周期特性, 而只采用单一功能的设计方法, 由此维护一个核心系列产品。

韩国当代首饰的历史发展与现状

Contemporary Jewellery Design in South Korea
Historical Development and Current Status

全永日
Yong-il JEON
韩国国民大学教授

近年来，韩国当代首饰在世界舞台上的影响力越来越大。众多韩国首饰艺术家在国际比赛中脱颖而出，年轻艺术家也经常获得世界一流的博物馆、画廊和艺术博览会的邀请参展。本文旨在考察20世纪中期以来韩国艺术家在世界范围内活跃度的增加，探讨韩国当代首饰发展的外部影响、转型过程和社会动态。此外，本文还试图通过对当今韩国首饰艺术家工作的环境和条件的研究，来更好地理解这一发展的语境。

早期金属工艺师和首饰艺术家的影响

一方面，国际当代首饰的快速发展始于20世纪中期，另一方面，涉及首饰领域的传统韩国工艺美术至今已有1500多年的历史。然而，这些传统工艺美术与当代首饰设计之间的关联性却非常弱。20世纪上半叶日本占领韩国（1910—1945年）以及后来朝鲜战争（1950—1953年）结束后，1960—1970年代现代韩国艺术才逐渐恢复生态，当代首饰领域的发展这时才逐步崛起。

直到1980年前后，"首饰"一词在韩国人眼中还被认为是传统的"yemul"，即新郎的家人给新娘的结婚嫁妆，通常是一套由贵金属和宝石制成的首饰，包括戒指、耳环和项链等。此后，由高等艺术学院教育背景的专业人士设计和制作的首饰才开始以"现当代首饰"和"艺术首饰"的名义出现，尽管都创作了首饰，但是金属工艺师和设计师、艺术家是截然不同的角色。后来，"首饰艺术家"这一职业和身份才逐渐清晰，过去单纯专注于绘画的画廊也开始组织策划首饰等实用艺术的展览。

韩国当代首饰群体的组成，最初阶段主要是由在国外留学回国的艺术家开创的。这些手工艺术家中有许多人学习过金属工艺和首饰的制作设计，然后开始在韩国著名的大学担任教授职位，并在工艺美术和设计这两个领域传授知识[1]。1980年代初回到韩国的关键人物包括曾在美国留学的金承熙

---

1. 这些金属艺术家可以说是韩国第一代当代首饰（或金属首饰艺术）的先驱探索者和教育家，其中包括权喜善（Kwon-hee Shin）、张永宇（Yoon-woo Chang）、姜灿坤（Chan-kyun Kang）和崔贤哲（Hyun-chil Choi）等人。这些当代金属工匠的先驱为之后的首饰和珠宝设计教育奠定了基础。

1986年韩美金属艺术工作室国际研讨会

(Seung-hee Kim) 和柳丽珠 (Lizzy Yoo) 、在德国研习的李承元 (Sung-won Martha Lee) 和周亚京 (Yae-Kyung Choo) 、在瑞典进修的吴真勋 (Jin-soon Woo) ,这些人这一时期在国际上也有很大的影响。实际上,虽然有不少其他同时代或更早的在韩国接受教育的本土艺术家[2],但早期的韩国当代首饰的发展与创新还是得益于较大的国际影响。

这一时期还见证了积极活跃的国际交流的开始。1982年美国金属艺术家杰克·达席尔瓦 (Jack da Silva) 在韩国进行了为期2年的授课,英国金属艺术家斯蒂芬·波特 (Stephen Bort) 从1983年开始持续6年驻教韩国。1986年,在沃克山艺术博物馆 (Walker Hill Art Museum) 举办了一场大型展览,展示了57位美国首饰艺术家的作品。同年,包括罗伯特·埃本多夫 (Robert Ebendorf) 在内的美国金属艺术家和首饰领域的杰出人物访问韩国,参加韩美金属艺术工作室 (Korean-American Metal Arts Workshop) 国际研讨会[3]。在这个为期4天的研讨会上,他们提供了各种思想和技术的现场演示,受到了对新风格与创新技术有强烈渴望的韩国金属艺术家和首饰艺术家的热烈欢迎。在此期间,美国蒙哥马利学院 (Montgomery College) 的金属艺术教授高美拉·洪加·奥金 (Komeila Hongja Okim) 也起到了重要的桥梁作用,他在韩国介绍了美国的金属工艺和首饰设计艺术教育,促进了两国之间的交流。

越来越多的学生因此选择出国深造。在1980年代,美国是韩国最受欢迎的出国留学目的地,而在1990年代,日本、德国和英国的交流也逐渐增加,到2000年以后,德国对韩国金属艺术和首饰设计的影响日益显著。第一代金属艺术家和首饰艺术家的海外学习和国际交流的经验,为当代韩国首饰艺术家积极参与全球活动奠定了重要的基础。

新一代首饰艺术家与设计教育

从1990年代开始，韩国的首饰教育变得更加专业化，首饰成为一个独立的专业领域。与前辈同时追求金属工艺品和首饰设计不同，新一代艺术家更加专注于首饰的艺术和设计创作。这就产生了"首饰艺术家工作室"，他们中的大部分人在韩国攻读金属工艺或首饰专业之后，大多都在一个海外研究生项目中完成了对首饰创作的深入研究。他们多数在美国和德国研习，这两个国家对韩国首饰艺术设计高等教育的影响渐渐显著。

韩国当代首饰艺术家，包括金荣虎（Jung-hoo Kim），在韩国首尔国立大学（Seoul National University）获得学士学位，在美国纽约州立大学新帕尔兹分校（State University of New York at New Paltz）获得硕士学位；李荣奎（Jung-kyu Lee）曾就读于德国的普福尔茨海姆应用技术大学（Fachhochschule Pforzheim）和法国国立高等应用艺术设计学院（École Nationale Supérieure des Arts Appliqués et des Métiers d'Art）；李明珠（Myung-joo Lee）曾在韩国弘益大学（Hongik University）和美国佐治亚大学（University of Georgia）学习；李光荪（Kwang-sun Lee）曾在首尔国立大学和普福尔茨海姆应用技术大学学习；李东春（Dong-chun Lee）曾就读于韩国国民大学（Kookmin University）和普福尔茨海姆应用技术大学；姜妍美（Yeon-mi Kang）曾在首

首饰设计师李荣奎

---

2. 如洪正希（Jung-sil Hong）、金宰英（Jae-young Kim）和洪京熙（Kyung-hee Hong）等艺术家或教育家，他们与留学生属同一时代。
3. 1986年，韩美金属艺术工作室国际研讨会在首尔的韩国国民大学举办。

尔国立大学和美国南伊利诺伊大学（Southern Illinois University）学习。他们一起开创了一个专门针对首饰专业的高等教育项目，是成为第一代韩国大学讲师的当代首饰艺术家[4]。该项目不同于过去以金属工艺加工制作为重点的教学方法，他们不仅积极向学生介绍全球著名的当代首饰创作模式，还有艺术思潮和前沿的设计方法。自1970年代以来，当代首饰在欧洲已经确立成为一种相对独立的艺术和设计表现形式，正是在这一时期，当代思潮影响下的首饰创作开始进入韩国。正是由于新一代首饰艺术家的作用，在2000年之后，韩国的首饰设计制造业开始占据比传统金属加工业更重要的地位，设计师和艺术家以设计创新为驱动和对行业的主导，实现了韩国珠宝首饰产业的升级。

尽管如此，在课程大纲中，工艺技术的教学依然是重要的。在"艺术首饰"的背景下，人们对首饰的认知发生了巨大变化，但工艺和完整性仍然是评估作品的基础和标准之一，传授给学生的工艺技术也来自不同的实用艺术领域而非仅仅是金属工艺。

首先，1980年代后第一代金属艺术家在美国、欧洲和日本学习到的金属加工技术成为课程教育的基础部分。这一代的早期金属艺术家曾在海外学习，归国后向学生传授他们在海外学到的新思想与技术，他们还查阅了大量关于金属工艺的参考书，其中大部分已经在英语国家和日本出版。大约在1990年前后，一些韩国作者引进并出版了部分外文书籍[5]。在首饰制作中，金属工艺技术后来和非金属材料的工艺技术一起被传授，例如玻璃工艺、陶瓷工艺等。

其次，课程还包括了历史悠久的韩国传统工艺技术。韩国的传统首饰和配饰制作可以追溯到公元6世纪，但是它们与当代首饰的联系却十分小。然而，一些由传统工艺的继承者传承的传统工艺技术引起了当代首饰艺术家们的注意。一些传统工艺，如银镶嵌、金镶嵌（一种将薄薄的金箔涂在银上的镀金技术）和大漆[6]已经逐渐融入当代韩国首饰的艺术设计创作中。

最后，课程还包括商业首饰领域的内容。商业首饰，包含了"高级珠宝"和"工业首饰"，在20世纪中期作为一个独立的工业领域有着坚实的产业基础。商业首饰是在车间里生产的，这些车间配备有熟练的劳动力和学徒。商业首饰技术主要涉及职业教育课程大纲中的贵金属和宝石的加工。将商业首饰技术

从1990年代末，首饰设计和制作开始成为设计专业的重要学科，课程大纲中包括了金属工艺课程

纳入大学基础课程大纲的原因是，第一代金属艺术家雇佣的工作室助理中有很多具有商业首饰背景经验的工匠，鉴于此，韩国的首饰教育和课程大纲保留了商业首饰技术为基础，重点进行"制作"的实践。当前，韩国的本科生和研究生项目中的工作室课程都要求学生创作出比海外学校更多的作品，并要求使用手工艺制作并强调作品的艺术性和完整性。在当代首饰的背景下，对工业技术的依赖可能被视为一种弱点，而对手工艺术和技术的依赖同样会将设计思维限制在固定的工艺形式中，并导致创造力的缺失。然而，很多韩国商业首饰的从业者通过使用多种不同的手工工艺来掌握和改变不同的材料，以平衡或克服对手工工艺技术或工业技术的盲目依赖。从古至今，"制作是否精良"依旧是首饰艺术家评判一件作品水平的标准之一。

自21世纪初以来，韩国首饰领域最大的变革是对材料的突破创新。在当代首饰创作中，使用金属以外的各种材料制作首饰已经成为一种全球性的现象。1970年代欧洲对非金属材料的大胆创新使用，在21世纪初几乎以同样的方式开始在韩国迅速传播。首饰见证了从金属到非金属的扩展，包括在石头、木头和骨头等天然材料中加入塑料、合成树脂和硅树脂等人造材料。从2000年代中期开始，年轻的首饰艺术家致力于发现他们自己独特的材料和美学。

韩国当代首饰的历史发展与现状

4. 其他曾担任过教育工作的第一代首饰艺术家还包括：张美妍（Mee-yeon Jang），曾就读于梨花女子大学（Ewha Womans University）和韩国弘益大学；金焕素（Jin-Hwan Suh），曾就读于韩国弘益大学和美国纽约州立大学新帕尔兹分校；李荣林（Jung-lim Lee），曾就读于首尔国立大学和美国佛罗里达州立大学。

5. 如由郭舜华（Soon-hwa Kwak）翻译出版的*Metal Craft*；全永日翻译的*Metalwork and Jewellry Making*；金敬姬（Kyeong-a Kim）和李荣林翻译的*Goldsmithing & Jewellry Making*。

6. 大漆，在韩语中被称为ottchil，是一种传统技术，现在仍然被成功地应用于当代首饰中。

随着材料学和工艺技术的发展，以及创新材料在当代艺术和当代设计领域的兴起，这种基于材料的创新和发展也推动了当代首饰的实验边界和多样性的延伸。这一变化反过来推动了韩国更多工作室首饰艺术家的创作，其中首饰艺术家兼教育家李东春（Dong-chun Lee）在这个趋势中发挥了至关重要的推动作用。李东春曾在德国普福尔茨海姆应用技术大学学习，2003年他开始在韩国国民大学教书。他将当时欧洲的首饰教育的内容和方法应用到韩国课程中，尤其侧重材料的学习研究。李东春教育和培养的大量学生都选择将首饰设计师作为未来的职业生涯，而非金属艺术家或工匠，他的学生们目前正活跃在全球范围的首饰艺术领域。他们中的许多人专注于以特定的材料开发自己的设计语言，如：权秀吉（Seulgi Kwon）善于使用硅胶做首饰；姜美娜（Mina Kang）则是苎麻织物面料专家；文春荪（Choonsun Moon）擅长使用塑料和木头；李叶吉（Ye-jee Lee）和申西林（Hea-lim Shin）专注于皮革；徐艺瑟（Yeseul Seo）专注于毛毡；李友宰（Yo-jae Lee）则擅长青蛙皮与各种其他媒介的组合。

此外，李东春在首尔举办了一系列的首饰展览，向公众展示除了金属之外，如何用其他多种材料创作首饰。如2004年和2017年的"塑料，塑料，塑料"（Plastic, Plastic, Plastic）、2012年的"材料神话"（Mythology of Material）和2016年的"木材的寿命"（Wood-Extended Life）。通过策划展览和韩国国民大学的教授工作，李东春在发展韩国当代首饰设计对各种不同材料研究创新方面发挥了至关重要的作用，这种材料观念的转变也逐渐对同一时期的其他韩国首饰艺术家产生了影响。从2000年代中期开始，材料的创新被认为是韩国当代首饰中的一种普遍现象，并引发了一个使用新型材料的新艺术家群体的崛起，这个群体的年龄一般比主要从事金属加工的传统首饰艺术家要小，而且思维活跃。

首饰对特定材料特性的依赖意味着它在作品中嵌入象征或叙事的能力是相对有限的。然而，韩国首饰艺术家通常能够通过工艺从材料的特性中提取视觉力量和新的审美感知。事实上，许多韩国首饰艺术家的工作需要一个与材料属性密切相关的形式，因此可以直观地产生一个强大的形象，类似于雕塑艺术的创作。韩国当代首饰教育自1990年代开始逐渐专业化，自2000年代中期以来培养了许多首饰艺术家，这促使了首饰艺术家社区的建立，这在韩国尚属首次。

1

2

1. 金信英 (Shin-lyoung Kim)，"颠倒"(Upside Down) 手镯，925银、999银、镍银，2012
2. 尹尚熙 (Sang-hee Yun)，"红色拥挤城市"(Red Wens) 项链，木头、925银，2009

1 2

1. 李东春, "雨季" (Rainy Season) 胸针, 洗涤剂瓶、树脂, 2017
2. "塑料, 塑料, 塑料"展览海报, 2004

现状

在韩国大约200所四年制高等院校中, 有大约50所提供首饰工艺课程, 其中
25所提供金属艺术和首饰设计的本科和研究生课程。每年都有近百名学生获
得金属工艺和首饰设计领域的研究生学位。事实上, 那些获得学士学位的学
生更有可能选择以设计师为导向的道路, 而不是以艺术家为导向的道路, 有
超过一半的学生已经开始了首饰艺术家的职业生涯。当然, 并非所有人都能
以首饰艺术家的身份生存下来, 但与欧洲国家和美国相比, 韩国越来越多的
年轻艺术家 (非首饰领域) 开始涉足首饰艺术这一领域。鉴于首饰艺术家的
规模逐渐增大, 相应地, 展示当代首饰的各种各样的展览 (包括许多高层次的
国际展览) 也正在频繁举办。就举办首饰展览的频率而言, 首尔是韩国最为活
跃的城市。

然而, 首饰艺术家或展览的数量并不能同等转化为首饰的市场销量。对当代首
饰作品收藏和购买的接受度仍然需要时间, 即使在艺术界也缺乏对当代首饰
的准确理解。这背后的主要原因很可能是韩国艺术界过于保守的制度和观念,
他们仍然顽固地保持以纯艺术为中心的艺术创作。因此, 包括首饰在内的实

用艺术家们在国内并没有得到适当的评估和认可。事实上,韩国超过一半的小型首饰展览不是由画廊组织的,艺术家个人自费租借场地来展示他们自己的作品。由于这些展览缺乏专业策展人或画廊老板的支持,市场销售变得困难。

目前,韩国有许多艺术品商店和博物馆商店出售精选的手工艺品,有的首饰艺术家也会选择将部分作品寄售于此,但专门展示及销售当代首饰的专业空间并不多。事实上,由首饰艺术家吴美华 (Mihwa Oh) 运营的首尔O画廊 (Gallery O) 是唯一一个定期出售韩国和国际艺术家精选当代首饰作品的空间。首尔郊区的鲍姆画廊 (Gallery Baum) 也专注于当代首饰,该画廊主要出售经营该空间的首饰艺术家李荣奎的作品,也有一些分散在全年的国际艺术展览。阿旺手工艺术馆 (Craft Ahwon)、杜鲁空间 (Space Duru) 和林桑伍工艺美术馆 (Sanwoolim Art & Craft) 也展示并出售当代首饰以及其他当代工艺艺术作品,这几个画廊是致力于培养韩国当代首饰客户市场基础的先驱[7]。除了这些艺术机构,当代首饰和其他手工艺品也同样与商业首饰一起在某些高档商场和博物馆商店出售。在韩国,就实用艺术品的销售额而言,陶瓷艺术品仍然占市场销售的最大份额,木类作品近年来也非常流行,相比之下,金属艺术品和当代首饰艺术品的市场相对较小。

国际交流与活动

自2000年代中期以来,由于韩国本土对当代首饰缺乏了解,销售有限,导致年轻的首饰艺术家将目光转向国外市场。与前几代人相比,精通互联网的新一代首饰艺术家更积极地参与海外展览和竞争。尽管韩国国内销量不足,但国外的市场需求和艺术家之间的较量,帮助韩国当代首饰逐渐在国际市场拥有一席之地。这种强烈的国际交流在很大程度上也受到了上一代首饰艺术家的影响,他们中的许多人出国留学归国后传授国际经验,并积极鼓励学生参与国际交流和展览。

---

7. 与韩国其他城市不同,首尔的当代首饰市场较好,除首尔外,釜山也有部分当代首饰的展示和销售。

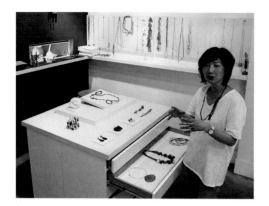

1

2

3

4

1. O画廊
2. "阿旺手工艺术馆"，既是艺术品商店又是画廊
3. 由韩国工艺和设计基金会组织的年度手工艺艺术与设计趋势展
4. 姜美娜，2012年德国BKV青年实用艺术奖获得者

除此之外，2003年成立的韩国工艺和设计基金会 (Korea Craft and Design Foundation, KCDF) 的各种项目为年轻首饰艺术家的海外扩张提供了帮助与经济支持。KCDF是韩国境内唯一既为传承传统手工艺，也致力于发展现当代手工艺艺术家、设计师和相关企业提供全面经济与平台支持的国家级机构。在过去的十几年里，组织了全韩国最大的年度艺术设计博览会 "年度手工艺艺术与设计趋势展" (Craft Trend Fair)，该博览会已经成为韩国最大的当代手工艺品 (包括首饰) 展示和销售市场。基金会为首饰艺术家提供了一个重要的平台，并为艺术家每年参加海外展览或艺术博览会提供了机会，如美国的雕塑艺术和设计博览会 (Sculpture Objects Functional Art and Design Fair)、英国的COLLECT国际当代实用艺术品博览会 (International Art Fair for Contemporary Objects) 和法国的巴黎时尚家居设计展 (Maison & Objet Paris) 等，许多年轻的韩国首饰艺术家进入了全球舞台，并越来越多地在国际比赛中获得认可。此外，KCDF的年度手工艺博览会已成为当代首饰艺术家会见国外画廊和客户的重要场所。最近，在韩国政府的赞助下，在巴黎、米兰、慕尼黑和费城等城市都举办了大规模的当代韩国手工艺品的海外展览，每次展览，当代首饰都被列为主要与核心类别。此外，年轻的韩国首饰艺术家凭借不断增长的国际经验，已经有可能在世界各地 (包括日本和欧洲) 组织自己的个人展览和参加各种博览会。

与此同时，越来越多的年轻韩国当代首饰艺术家在国际竞赛中获得了认可。韩国当代首饰艺术家的名字持续出现在德国各种竞赛和邀请展的获奖者名单中，姜美娜和李叶吉分别于2012年和2015年获得德国BKV青年实用艺术奖。2013年和2014年，金素妍 (Sooyeon Kim) 和权秀吉获美国艺术首饰论坛 (The Art Jewelry Forum) AJF大奖。除了获奖之外，韩国当代首饰艺术家频繁地与海外画廊签订销售协议，越来越多的作品被公共艺术机构收藏。许多大众媒体的特别报道，包括国际认可度很高的美国《金属》 (Metalsmith) 杂志也刊登了关于韩国首饰的文章，增强了人们对在全球舞台上韩国艺术家活动的兴趣。

韩国国立现代和当代艺术博物馆是韩国领先的现当代博物馆之一，该博物馆于2013年首次举办了展示当代首饰的大型展览——"装饰与幻觉"

1

2

1.金素妍,"普罗维登斯的烟囱"(Chimney of Providence) 胸针,相纸、环氧树脂、清漆、细银,2013
2.权秀吉,"蓝色呼吸"(Blue Breath) 胸针,硅胶、颜料、线、塑料、羽毛,2017

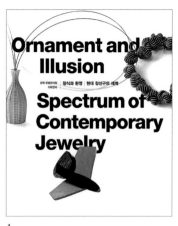

3

5

3. 姜美娜, 项链, 苎麻织物、线、不锈钢, 2012
4/5. "装饰与幻觉" 是韩国首个在国家级美术馆专
　门展示当代首饰的展览

(Ornamentation and Illusion)。目前, 在博物馆的50多名策展人中, 没有一位是专门从事研究现当代首饰创作或者手工艺术的, 这清楚地反映了韩国当代艺术界对包括首饰在内的手工艺品的了解不足。出于这个原因, 我应邀作为客座策展人组织了这次活动。我召集了44名活跃在韩国的当代首饰艺术家参加展览。这些艺术家大多在30多岁或40多岁, 一起大规模展示韩国当代首饰艺术创作。这表明当代首饰在韩国仍是一个新的领域, 还处于发展的阶段。

这些出现在21世纪中期之后的首饰艺术家是一个新的群体, 他们从事现当代珠宝设计和制作, 将其视为毕生的工作。他们是新一代工作室首饰艺术家中的佼佼者, 一方面努力在韩国国内的小市场中生存, 另一方面不断拓展海外活动领域。在上一代的影响和洗礼下形成的设计思想和国际共鸣记录在韩国当代珠宝的个人故事中, 这些故事也激励着各个大学和工作坊的年轻人尝试进入这个领域。

超越艺术的概念首饰
日本的当代首饰、历史和可能性

Beyond Art through the Concept of Jewellery
Contemporary Jewellery in Japan, Its History and Possibilities

关绍夫
Akio SEKI

历史学家，日本东京都庭园美术馆首席策展人

为了思考现在，我们应该了解过去。本文试图通过介绍三位重要的艺术家来书写第二次世界大战以来日本艺术首饰的历史，他们分别是菱田安彦（Yasuhiko Hishida）、平松保城（Yasuki Hiramatsu）和伊藤一洋（Kazuhiro Ito）。之所以选择这三位艺术家，不仅是因为他们在各自时代创造的艺术价值和独具一格的艺术表达方式，还因为他们是对后来新的艺术运动产生深远影响的开拓者和实验者。此外，还试图通过解读另外五位艺术家的作品，对未来首饰艺术表达方式的趋势寻找一些预见性。

当然，本文无法涵盖日本当代首饰的全部历史和现状。实际上，直到现在，许多才华横溢的艺术家都尝试过塑造历史，而在每个时代都只有少数日本艺术家获得了国际认可。例如，从1976年第一位日本首饰艺术家获奖者永井慧悧子（Erico Nagai）开始，迄今为止已有14位日本艺术家在慕尼黑的当代首饰大赛（Schmuck）上共获得16次赫伯特·霍夫曼大奖（Herbert Hoffman Prize），这是国际当代首饰领域最著名也是最重要的高规格展览之一。在本文中，我将阐述创作思潮和艺术风格在60年的时间里随着艺术家的背景和时代语境改变的变化。实际上，每个时期都有截然不同的艺术趋势，但每次改变都不可能改变一切。一些艺术家对形式感兴趣，创造所谓的"小雕塑"首饰，另一些则会尝试象征主义和观念主义的做法。而在材料的处理上，有两种不同的方法，一种是根据颜色、质地、可塑性等来选择材料，另一种则是根据设计理念来选择材料。

当前，有几位日本艺术家活跃于国际。在外观上，他们创作的国际化的艺术作品鲜明差别于日本的本土创作。他们中的一些人通过创作作品来表达他们自己作为日本人或亚洲人的身份，另一些人试图参与到国际背景中去。我会尽可能多地参考重要的组织、学校和画廊等机构，希望这篇文章能为读者提供一个了解这些历史并发现未来的机会。

当代首饰的萌芽：菱田安彦

1945年战败后，日本人民失去了生活的乐趣。菱田安彦于1954年前往罗马，发现首饰可以为安抚情感发挥重要作用，第二年，他从罗马回到日本后

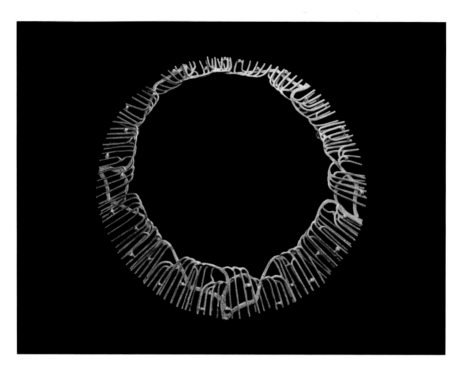

菱田安彦, 项链, 金, 1969

不久，就开始从事首饰艺术的创作工作。1956年，日本第一个首饰艺术家团体——UR首饰协会 (UR Accessary Association) 成立，该协会由来自东京美术学校金属艺术系的后藤年彦 (Toshihiko Goto) 教授发起，菱田是协会的创始成员之一。1964年，日本首饰设计师协会 (Japan Jewellery Designers Association, JJDA) 成立，菱田成为该协会第一任主席，JJDA从一开始就非常活跃，吸引了很多艺术家和首饰制造商的关注。

菱田是一位有战略眼光且目光敏锐的艺术家。他不仅以现代风格设计了符合时代品位的首饰，还寻求展示日本美学的新设计。他认为将原创设计融合传统的日本技术和图案是获得国际关注的最佳方式之一。

此外，他还是一名社会活动家，旨在启发人们发现首饰的文化意义。他撰写了许多书籍，涉及设计学、工艺艺术和欧洲首饰发展史等不同领域。他还帮助建立山梨县立珠宝美术专门学校，在武藏野艺术大学开设了金属工艺的课程。

与此同时，JJDA继续发展，并且仍然是日本唯一的首饰艺术家协会团体。1965年开始，JJDA举办日本首饰大赛（Japan Jewellery competition），大赛每两年一次，在2018年举办了第30届比赛。JJDA还积极引进国外艺术家，并于1970年举办了第一次国际展览"国际首饰艺术展"（International Jewellery Art Exhibition），展览邀请了46位国外艺术家，包括美国的罗纳德·皮尔逊（Ronald Pearson）、意大利的比诺·比尼（Bino Bini）和德国的赫尔曼·扬格（Herman Jünger）等。现在来看，他们对参展艺术家的选择显示出极高的远见。

"……在某些情况下，可能有创作者通过创新地使用金、银或铂等金属材料，而不是为了衬托宝石的方式来造型，就如同雕塑艺术家的工作。这本质上是艺术的首饰。"

正如1970年"国际首饰艺术展"的展览前言中所写的，每个艺术家都使用金或银来进行造型创作，他们中的部分人也会使用半宝石。展览还邀请了安德鲁·格里马（Andrew Grima）等擅长于使用珠宝进行创作的艺术家。除了鹤冈钲次郎（Shojiro Tsuruoka）的作品使用金镶乌木以外，几乎很难找到其他新的材料和表现手法。

1970年代后半期，新的材料实验介入首饰创作。如中山亚也（Aya Nakayama）以用编织线和漆器制作的首饰而闻名，而玻璃艺术家光岛和子（Kazuko Mitsushima）也开始制作首饰。

1960年代开始的经济增长，公众开始重拾对首饰的渴望，市场销售也在逐步增长。然而，许多商业与工业首饰质量较差，许多设计缺乏完整性，没有品位。百货公司开始关注首饰艺术家，并为他们提供了举办展览的场所，由此，一些艺术家转向高级定制的首饰创作。

在宣传媒介上，像1966年的《首饰的四季》（Four Seasons of Jewellery）和1973年的《首饰》（Jewel）等商业首饰杂志，都积极参与了艺术首饰的新运动。

传统工艺和现代设计的表达：
平松保城和东京美术学校

菱田就读的东京美术学校（现为东京艺术大学）成立于1889年，旨在推广传统与现当代艺术，金属艺术系是历史悠久的专业之一。那个时代日本最著名的金属艺术家——加纳夏雄（Natsuo Kano）和海野胜珉（Shomin Unno）——被邀请担任教授。明治政府深知金属艺术的重要性，实际上，传统金属工艺品是日本当时最重要的海外出口艺术门类之一。尽管推进传统金属艺术的愿景在第二次世界大战后仍被保留，但海野清（Kiyoshi Unno）、山胁洋二（Yoji Yamawaki）和后藤年彦几位教授都对首饰设计很感兴趣，认为它是一种适合现代表达的艺术形式。这所学校培养出了许多重要的艺术家，他们直到今天都是传统金属与首饰的大师。国外的一些当代首饰专家指出，相对于国际趋势，日本艺术首饰界金属艺术作品所占的比例更高，其中一个主要原因是市场的需求，同时许多接受大学教育的艺术家也都活跃在这个领域。

1970年代初，一群年轻艺术家在大阪发起了一个名为"信使"（Courier）的小团体，其中包括坪文子（Tsubo Fumiko）、熊谷晧之（Akinobu Kumagai）等人。熊谷晧之是大阪教育大学的教授，毕业于东京艺术大学，是该团体的主要领导者。

平松保城（Yasuki Hiramatsu）于1984年至1994年在东京艺术大学任教，是第一个被公认为国际当代首饰界的领军艺术家之一。他早年就是一个严肃的极简主义者，从1950年代中期开始制作扭曲的环箍银戒指，仅用他的锤子标记来装饰。在1970年之前，平松保城尝试了一种用手轧制金属板来制造纹理的方法，这种独特技巧让同时代的人都感到惊讶。1994年，他被德国金属艺术与工艺协会（Die Gesellschaft für Goldschmiedekunst）授予"金匠之戒"（Ring of Goldsmiths）的荣誉，以表彰他对金属艺术与艺术首饰创作的杰出贡献。

平松的继任者饭野一朗（Ichiro Iino）于1975年作为新人以他的口袋胸针首次亮相，口袋胸针因其欢快的时尚感及新颖的金属表现风格而受到称赞，棉花般的质地是由金属薄片和布料在滚筒中压制而成的。他始终如一地不断扩大

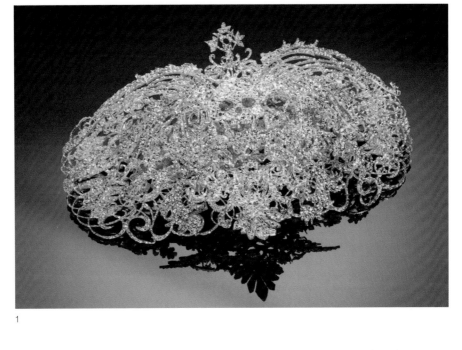

1

2

3

1. 田口史树, 胸针, 银, 2012
2. 饭野一朗, 胸针, 银, 1975
3. 平松保城, 戒指, 金, 1990

金属作品表达的可能性。在饭野一朗的指导下，新的一代出现了，如田口史树 (Fumiki Taguchi) 尝试剥离金属表面，创造出独特的刻面，而三岛一能 (Itto Mishima) 则用锯子切割出装饰性痕迹，他们试图将当代的偏好与金属技术结合起来，创造出吸引人的新风格。

1. 峰胁美希子，项链"女人鸟"（Lady Bird），填充玩具，2014
2. 伊藤一洋，项链"轮"（Wa），金丝、麻绳、相片和桐木盒，1996
3. 增子弘之，项链，口红、不锈钢，1994

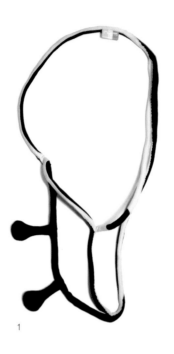

1

150

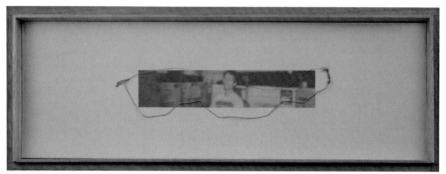

2

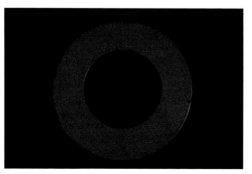

3

1980 年代的新运动: 伊藤一洋

1980年代后半期, 欧洲当代首饰界的许多艺术家开始探索了概念性的表达。伊藤一洋自1977年以来参加了许多欧洲的展览, 1989年, 他成为水野首饰学院[1]的首席讲师之一, 他向学生们介绍了新的欧洲运动。伊藤小组尝试使用不同寻常的材质制作首饰, 如他的学生增子弘之 (Hiroyuki Mashiko) 用口红和不锈钢创作的概念作品, 而峰胁美希子 (Mikiko Minewaki) 则将许多日常物件应用到作品中, 创造出出人意料的首饰。

他将首饰创作视为一门艺术, 即使作为一名教育工作者, 他仍然保持着对前卫潮流趋势的意识。他和学生在地上挖了一个圆、一个三角形和一个约3米宽的正方形几何凹陷, 称之为 "地球首饰" (The Earth Jewellery)。在另一个时期, 他堆起树木, 造出火柱。可能在他看来, 参与性的行为其实就是一种行为性的艺术首饰。

在25年的职业生涯中, 伊藤尝试了各种各样的表现形式, 他的作品简单易解, 却有一种令人琢磨的态度。他作品的最大特点是使用了各种材料, 如刮掉表皮的树木、蜡、铁, 等等, 在一个工作坊上, 他甚至要求学生用垃圾制作首饰。他从不选择材料来增加价值或增加表面美感, 而是尝试通过使用各种材料来不断地提出问题, 同时一直在思考如何通过首饰与公众建立联系。从1980年代到1990年代, 他的实验首饰艺术与当代艺术并驾齐驱。

水野首饰学院一直是当代首饰创作的中心, 其中一项重要的交流展览项目是"三所学校项目" (Three Schools Project), 始于1993年, 慕尼黑美术学院、阿姆斯特丹G.R皇家艺术学院 (2014年被伦敦皇家艺术学院代替) 的部分学生参加了展览, 展览项目一直持续到今天。正是由于这种密切的关系, 水野首饰学院的几名毕业生得以在奥托·昆兹利 (Otto Künzli) 教授的指导下在慕尼黑美术学院继续研修。

超越艺术的概念首饰：日本的当代首饰、历史和可能性

---

1. 水野首饰学院成立于1966年, 是一所首饰设计学校, 最初是由水野孝彦 (Haka Mizuno) 创立。水野孝彦是介绍当代首饰的另一个关键人物, 他不仅管理学校, 还写了许多书籍和文章, 向人们介绍当代首饰。

当代首饰是艺术吗? 如何应对公众需求?

过去, 一些购买艺术首饰的顾客只是想要原创的设计, 另一些则对设计师和艺术家的理念着迷。然而, 像1995年和2011年大地震这样的悲剧以及经济增长的局限性已经改变了日本人民的心态。公众想要什么? 艺术家们试图通过借鉴其他艺术领域寻找新的表达方式和灵感来回答这个问题。

石川麻里 (Mari Ishikawa) 从1994年开始在奥托·昆兹利的指导下研习艺术首饰, 目前仍然活跃在慕尼黑。她通过描绘大自然的多变来表达一种敏感的感情, 有时她会展示自己的摄影作品, 并配以首饰作品以达到出色的效果, 不同艺术媒介的介入与创作, 这也是她在日本学生时代最喜欢的表达方式。

园部悦子 (Etsuko Sonobe) 则以石材和金属材质的创新应用而闻名, 她巧妙地将天然石材的半抛光纹理与简单而富有光泽的抛光黄金相结合。近年来, 她与插图画师和设计师渡边良重 (Yoshie Watanabe) 合作, 他们一起制作了有插图的书籍, 其中描绘了与首饰相关的故事。

石川和园部正试图寻找新的方法, 通过与其他表达方式相结合, 让首饰佩戴者的想象力更加丰富。在西方国家和日本, 许多艺术家已经将首饰和其他艺术作品一起展示, 而这两位艺术家对艺术观念的表达的热情异常强烈。

其他艺术家也在通过以首饰作为语言来尝试新的表达内容。

苏珊·皮特什 (Susan Pietzsch) 来自德国, 她早期的概念性首饰, 如糖制的胸针等, 似乎对虚构语境下的首饰创作很感兴趣。1997年, 她在日本和德国启动了一个激进的展览项目 "首饰2" (Schmuck 2), 在这个项目中, 她邀请其他领域的设计师和建筑师在公共空间进行装置创作, 并出版了探索 "首饰" 主题的出版物。

大山由华 (Yuka Oyama) 居住在柏林, 她不仅设计首饰, 还创作照片、表演和视频作品。在演出《首饰入门》(Schmuck Quickies) 中, 她与参与者进行了交谈, 并使用日常生活中的材料即兴为他们设计首饰, 为他们打造独一无二的 "首饰"。《收藏家》(Collectors) 是她在2013年在美国艺术家驻场计划期

1

2

1. 石川麻里，项链"边界"（Border），银
2. 石川麻里，"边界"（Border），照片
3. 园部悦子，为插图书《旅行》（Journery）而作的手镯, 2012
   来源: 渡边良重

3

1. 栗田宏一,位于毛布森修道院的装置,
   法国圣·奎恩·拉奥莫内,泥土,2014
   摄影:栗田宏一 (Koichi Kurita)
2. 大山由华,收藏家 "月亮架" (Moonshelf),2013
   摄影:贝奇·耶 (Becky Yee)
3. 苏珊·皮特什和华伦蒂娜·赛德 (Valentina Seidel),
   HOCHsitzen:春/夏_16绿金临时装置,
   位于德国格拉斯海更HOCHsitz Atelier Glashagen工作室,2016

间创作的一系列摄影作品,她为不同的收藏家制作面具,并与他们的收藏品
合影留念。这两件作品都显示出她对他人身份的浓厚兴趣,这可能与首饰揭
示佩戴者内心的象征属性有关。

栗田宏一 (Koichi Kurita) 是居住在山梨县的艺术家,在1980年代后期,他作
为首饰杂志编辑和首饰艺术家参与了当代艺术的很多运动。之后,他开始关
注土壤,发现不同环境的土壤有不同的颜色,他用25年时间从日本所有3233
个城市收集土壤,并利用这些颜色各异的土壤进行创作。栗田宏一的作品似
乎通过土壤来探究地球和自我之间的关系,这与他作为首饰艺术家时代的关
注点密切相关。

这些艺术家不再仅对创作首饰感兴趣,这是当代首饰运动的外延产物之一,
它拓展了当代首饰作为艺术或演化为当代艺术的表达的可能性。

当代首饰的展示平台

大多数日本首饰艺术家都在大学和首饰学院接受过高等教育，除了东京艺术大学、东京武藏野艺术大学、东京多摩美术大学、新潟县长冈造形大学和神户设计大学之外，兵库县也开设了首饰设计的课程。山梨县政府宝石学和首饰艺术研究所是位于甲府市的一所公立首饰学校，是商业和工业首饰制作的职业化中心。水野首饰学院和日本首饰工首饰艺学校等私立学校不仅教授年轻学生，也开设成年人课程，水野首饰学院还设有一个专门研究当代首饰的部门。

在日本，美术馆没有常设的首饰收藏馆，但国家现代艺术博物馆拥有100多件现代首饰和当代首饰，同时还举办日本艺术首饰展览，包括艺术家的个展，如2008年平松保城的个人展览和2015年中村皆人 (Minato Nakamura) 的个人展览。自1999年以来，我在东京都庭园美术馆和东京当代艺术博物馆策划了历史首饰和当代首饰的展览，包括2010年以特德·诺特 (Ted Noten) 为主角的"生活的催化剂：荷兰艺术与设计的新语言" (Catalysis for life: New Language of Dutch Art & Design) 和2015年的"奥托·昆兹利展览" (Otto Künzli — The Exhibition)。

此外，一些全国性的首饰大赛也逐渐形成规模。日本首饰设计师协会，这个日本唯一的全国性艺术家协会，组织了日本首饰大赛等全国性的首饰设计大赛。自1997年以来，伊丹市工艺美术博物馆每两年举办一次伊丹国际首饰展览会（大赛）(Itami International Jewellery Exhibition/Competition)，国际影响力逐渐提升。

自1990年代以来，日本还开设了一些艺术首饰画廊，如东京的新井画室画廊 (Arai Atelier)、东京的双毒物画廊 (Deux Poisons)、京都的C.A.J.、水野首饰学院的"墙洞"画廊 (Hole in the Wall)，最大可能地保持艺术首饰与社区群体的沟通，以及与市场的互动。

批判与思辨设计方法下的鞋履设计实践 [1]

Critical Approaches to Footwear Design Practice

伊尔科·摩尔
Eelko MOORER
伦敦时装学院时尚设计项目主任,瑞士日内瓦艺术设计学院客座讲师。

概念设计提供了一个不受市场压力影响的场域,在这个场域中,设计可以参与并探索新的领域,以便实验和探索与更广的社会和文化问题相关的方法论,并预测可能的未来,实现创新。这种批判性和思辨的设计方法可能导致对鞋履设计的不同思考方式。本文中讨论的鞋履设计项目以不同的探索方式引发了我们对当前生活方式的思考。

如,萨尔盖罗(Salguero)和柯普(Jo Cope)使用联想设计,探索将鞋的非功能性作为变现的媒介,作为一种社会文化互动的工具,指出鞋履设计可以发挥更多的作用。两位设计师将鞋履变成富有诗意的艺术品,通过"让熟悉的事物变得陌生"的方式来质疑我们的习惯思维模式。滕·伯默尔(Ten Boehmer)的设计实践则是调查性的、实验性的、指示性的和开放式的,通过解构的方法来提供批判性的思考。她使用严格的技术词汇来质疑"走路"这个行为的所有技术和文化思索,并通过解剖学的压力点来设计和质疑高跟鞋的构造。萨尔盖罗、柯普和滕·伯默尔批判性地看待鞋履,通过艺术和雕塑表现形式引发对政治和社会文化问题的反思。

"我们自己的皮肤"项目(OurOwnsKIN)和克里斯蒂娜·沃尔什(Kristina Walsh)的创作都使用了思辨设计。他们预测虚构的场景,想象出未来的日常场景,其中鞋履或时尚相关产品在其中扮演了重要角色。通过预测新科学技术在日常生活中的场景融合,有助于在新技术作为日用产品进入我们的日常生活之前,更好地理解和批判新技术发展的价值。资本主义文化推动了整个时尚领域的发展,而这种文化已不再与实际的人类问题联系在一起。

这里提到的所有设计师都把人为因素放在设计体验的中心:柯普讨论人类的亲密感,萨尔盖罗通过引用"物化"一词来表达,滕·伯默尔通过解剖学压力点出发来探索高跟鞋的构造,"我们自己的皮肤"项目从人类皮肤的工作原理获得灵感和并以此设计可能产生的鞋履,沃尔什则通过质疑真实和理想的身体来进行设计。不同的方法论和跨学科的知识,如首饰、时尚、生物力学、运动学、矫形和整形外科,为这些涉及不同背景的作品提供了灵感。这些作品具有可持续发展的愿景,不只是风格(肤浅和表面的资本主义时尚的特征),而

---

1. 本文最初发表于 *Fashion Theory Russia (special edition on decadence)* 2019年6—8月刊,收入本书后略有调整。

是真正的可持续发展 ——可持续发展的愿景、可持续发展的生产模式、可持续发展的生活方式，尝试创新和改变根本方式的东西。这些批判性和思辨设计方法用于应对"我们现在（在当代社会中）正在处理的很多问题，并不是整合以前似乎具有颠覆性潜力的材料，而是把它们预先组合在一起：资本主义文化诱发的欲望、愿望和希望的形成与重新塑造"（Fischer, 2012），同时强化了模式和规范。这就是为什么将设计作为批判方法如此重要的原因，因为在资本主义消费文化中，它可以"提出问题，鼓励思考，揭露假设，促进行动，引发辩论，提高认识，提供新的视角，以一种理智的方式启发和创新。"（Dunne & Raby, 2013）在这个过程中，本文中的鞋履项目使用了嵌入在设计中的物质性和在制作过程中的意识形态，对抗当前市场文化中固有的一种颓废主义的价值趋向，并探究我们想要塑造什么样的文化社会和未来。

当代首饰的展示平台

在鞋履设计实践的方法论中，几乎没有进行太多的研究。正如在建筑设计、家具设计、时尚和工业设计中一样，我们需要审视鞋履设计的专业性，以便重新定义其在21世纪的价值。

与时尚相关，但又与时尚截然不同的是，鞋履设计作为一门相对独立的产业，在方方面面都体现了现代资本主义消费文化的现实：垃圾填埋场里数以百万计的废弃鞋子，这些鞋子大多都是由不可生物降解材料制成的；手工文化遗产被市场工业力量席卷，商品化带来的童工和报酬过低的劳动力成为社会不平等的标志；快时尚增加了对不可持续又不健康的廉价塑料鞋履的需求；足部健康在医学上是一个被忽视的领域，而鞋履对健康具有重大影响……这些现象提出了社会、文化、政治、科技和经济等全球性的问题，有必要重新审视鞋履在时尚行业及社会中的角色，思考鞋履的生产制造过程及其与人的关系。

源源不断的商品是资本主义消费文化和快时尚的主要产物，也是资本主义推动市场欲望的主要驱动力。时尚界在季节转换和等级转换的无尽循环中，有助于实现这种差异化从而产生利润。2002年，哈尔·福斯特（Hal Foster）在

《设计与犯罪》(*Design & Crime*) 中指出, 设计已经完全融入了资本主义的新自由主义模式。时尚是一门学科, 其特征是 "基于自动化、表面特征和非本质差异为基础的受控消费"。

值得注意的是, 正如刘易斯·芒福德 (*Lewis Mumford*) 引自鲍德里亚的《物体系统》(*The System of Objects*) 的观点, "从技术上看, 形式和风格的变化是不成熟的标志, 它们标志着一个过渡时期。将资本主义消费文化作为一种信条的错误在于试图使这一过渡时期成为一个永久的时期。"(Baudrillard, 1996) 而当代关于 "时尚的终结" 的讨论实际上是对颓废主义的探讨: 时尚已经发展到了颓废主义的阶段, 而设计并没有解决这个问题。鞋履作为时尚的一部分却被忽视了, 由此, 本文实际上是着眼于探讨鞋履是如何应对颓废主义文化的问题。

作为过渡阶段的颓废主义

本研究的基础是将过渡时期作为颓废主义的特征。这是一个有着强烈矛盾关系的术语, 这里的颓废主义被视为一种趋势, 一种不适感, 而不是一个时期。没有任何历史内容可以被定性为颓废主义, 颓废主义不在于状态, 而在于变化。因此, 颓废主义不是一种结构, 而是一种方向或趋势。

尽管颓废主义来自各个时代, 但现代的颓废主义观念与进化观念有着内在的联系, 并且都包括了对物质主义的不满。然而, 在早期, "进化" 一词是通过与增长量, 特别是与人类个体的智力发展的类比产生的。但是在与科学研究和技术进步紧密联系的当下, 进化的概念达到了一个非常抽象的层次, 在这个层面上, 进化已经不是先前有机的, 特别是拟人化的内涵了。进化被认为是一个与机械工程, 而不是生物学有关的概念 (Calinescu, 1987)。随着生物技术和计算机科学的进步, 技术主义的世界观也在当代的新自由主义社区中出现了, 对生命的可测量性的判断与我们人类理解是不一致的。这导致了一种错觉——人类的生命与演化正在受到技术的威胁。

我们将在这里讨论的颓废主义是尼采 (Nietzsche) 的哲学观点。尼采将过渡时期描述为一个注定要被克服的颓废时期,并认为这既不是积极的也不一定是消极的。在尼采的时代,将现代性本身视为一种过渡状态并不难理解,如埃米尔·杜尔凯姆 (Emile Durkheim) 也把 "现代" 看作是一个过渡时期和道德平庸时期,但把这种趋势认定为颓废主义,并把它看作是一个发生在个人和整个社会内部的转变时期,这是尼采的颓废主义理论所特有的。

"尼采的颓废主义理论归根结底是一种意识形态的理论和社会批判。虽然目前 '虚假意识' 的意识概念来自马克思 (Marx),但应该看到,尼采对颓废主义,特别是现代颓废主义的分析,是对一般意识形态进行全面和彻底批判的一次尝试,特别强调现代资产阶级意识形态 (政治、社会、文化),包括现代性意识形态。" (Calinescu, 1987)

本文所讨论的作品可以被视为颓废主义的概念下的产物,但不是颓废主义的风格。它们通常是说明性的,旨在激发人们的想象力,正如尼萨德 (Nisard) 在他的文章《1836年的雨果》(M. Victor Hugo in 1836) 中分析雨果的作品时写道:"其中大量使用局部描写,突出故事细节,增强了想象力。" (Calinescu, 1987)

作为批判功能的颓废主义

与这种保守的观点相反,高蒂埃 (Gautier) 在介绍波德莱尔 (Baudelaire) 的《恶之花》(Fleurs du Mal) 以及后来的 "颓废派" (the Decadents) 时,有意识地将颓废主义的观念作为一种批判手法。美化死亡和衰落,作为一种风格特征和浪漫主义的延伸,与本文不相关,在此也不展开讨论。

首先,与颓废主义产生共鸣的是本文中讨论的项目,可以视为是颓废主义的产物,因为它们包含不同的学科来为作品提供信息。这与波德莱尔在他的文章《艺术哲学》(L'art Philosophique) 中的推测相吻合,他将颓废主义的特征描述为打破了不同艺术之间的障碍。其次,本文中所描述的项目旨在吸引人们的想象力,并试图通过使用我们大家都能联想到的日常物品来吸引观众进入作品。它们是有意识地在发人深省，以批判的方式解决与颓废主义文化相关的问题。

我建议不要将鞋履与工业和产品设计的机械工程方法论联系起来，而是与时尚和社会文化联系起来，尤其是与批判性和思辨设计方法理论联系起来，以此来为这里的评论提供理论依据。对时尚鞋履设计的理解需要摒弃其狭隘性，鞋履设计的新观念、新语境和新方法需要从其他相关学科（如电影、科学、伦理、政治和艺术）中汲取的概念来进行交叉研究。批判性和思辨设计方法研究的正是这一点。

因此，在这篇文章中，我们首先通过视觉观察的方法来探索批判性设计思维是如何运用到鞋具设计中的。其次，我们研究如何应用批判性设计理论来重新思考鞋具设计和生产，从而开发出思辨的替代产品，不仅提供新产品，还旨在思考这些产品对本文开头提到的全球性问题的社会和文化反应。我们通过研究几个跨学科的鞋履设计方法来做到这一点，这些方法可能会有意识地应用批判性设计方法。这些替代方法的目标是通过接近和超越时尚来研究鞋履。我们将详细阐述跨学科的研究方法，以及它们是如何为鞋履设计提供理论支持的。

批判性设计的方法

批判性设计是概念设计的一种形式，也就是说，批判性设计不是设计的概念化过程，而是使用概念作为文化分析的工具。"批判性设计侧重于设计对象和实践的当前社会、文化和伦理观点。它是基于批判性的社会理论，设计师由此审视了当今的文化视野，对已经存在的事物提出了批评。"（Dunne & Raby, 2013）

2012年，首饰设计师诺丽·萨尔盖罗（Noëllie Salguero）的"战利品"（Trophy）系列通过将熟悉的形象并置在一起来展示鞋履——她的高跟鞋与狩猎战利品融为一体。这个作品是相互关联的，它既表达了女性通过穿高跟鞋和穿皮草来变得性感的方式，也表达了女性被物化为"动物"（同样是毛

诺丽·萨尔盖罗,"战利品",2012
来源:日内瓦艺术设计学院

皮),成为被虏获并吹嘘的"猎物",同时还讨论了动物制品在鞋履中的使用的价值。"战利品"的力量在于它的象征意义是当代艺术和设计领域之间的不断互动。很显然,它在制作过程中使用了设计方法,并参考了耐穿鞋具,而当成品作为挂在墙上的战利品进入了艺术领域,这双鞋已经完全失去了它被穿的功能性,但却没有失去它的价值和意义。

这里使用的设计方法是"陌生化"原则。这是在批判性设计中经常使用的一种方法,通过远离物体的功能或熟悉度来吸引和猎奇观众的注意力,从而提高感知。与其说这是一个策略,不如说是一大堆策略让熟悉的东西看起来很奇特,其目的是产生一个独特的叙事,吸引观众进入设计师的思维中去思考。

萨尔盖罗的项目展示了鞋具如何作为可以沟通的"语言"发挥作用,通过陌生化来传达一个当代社会的问题。在批判性设计中,这类作品最好用所谓的联想设计来表征,因为"作品中的批判性叙事……嵌入到对象形式中——通常通过熟悉的原型来传达",即通过将熟悉的事物用不同寻常的关联来产生新的意义 (Malpass, 2016)。

这种形式的概念设计通常会在工业产品设计的范围之外提出问题，从而使对象与更大的社会文化问题相关联。这种潜在地使用"设计语言提出问题、引人思考和启发是概念设计的重要特征"（Dunne & Raby, 2013）。

乔·柯普2017年的鞋履作品"行走人生中的脚"（The Language of Feet in the Walk of Life）让我们质疑和思考我们的人际关系和社会行为。这件作品的关键价值在于它的艺术手法。在柯普的作品中，同样将鞋履作为设计语言表达其设计概念，她研究步态和脚部姿势的视觉心理学，以了解脚是如何表达心理感受，从而创作了一系列鞋履装置。

陌生化是通过略微改变熟悉的鞋子原型，然后将它们排列成象征性的结构，以达到一个抽象的层次，目的在于通过存在和不存在的身体来吸引观众——这个理念在柯普2016年的"张开腿闭上眼"（Legs Open Eyes Shut）中非常突出。当鞋子空着的时候，它似乎总是支撑着一个身体，而穿鞋者的性格和行踪也被明显地铭刻在鞋子的磨损和外表上。

而在"三角恋"（Love Triangle）中，鞋子被表达为一个强有力的性别对象：细高跟鞋有着力量和欲望的形象和象征，传统上代表女性诱惑力；牛津鞋体现了经典的男性气质；高帮皮马靴则刻意不加描述，实现了一种代表第三者的匿名与模糊性别，这个第三者可以是男性，也可以是女性。

对性别刻板印象的运用创造了一种熟悉感，通过这种熟悉感观众被吸引到作品中来。鞋具与圆形、三角形或其他抽象形状的布局相结合，形成类似于宗教崇拜中的神秘符号，这一切营造了这个装置作品，产生了一个抽象的叙事，从而开启了观众的想象与判断空间。而红色的运用作为表现两性关系的关键因素，是作品必不可少的部分，同时红色还充当了一种童话化与矛盾化的作用——将鞋子与传说和童话世界联系起来，具有魔力的鞋子通常是红色的。

"扭曲的细高跟鞋"（Twisted Stiletto）描述了一个冻结的侵略行为。这种暴力行为是男性欲望对女性的侵犯吗？这件作品是一个化石，一个遗迹，并且把这个作品转变成了一个探讨两性关系的平台。

1

2

3

1. 乔·柯普，"张开腿闭上眼"，2016
2. 乔·柯普，"三角恋"，2016
3. 乔·柯普，"扭曲的细高跟鞋"，2016

柯普探索并揭示了鞋的含义，为我们提供了反思的内容与对象。她提到了在信息技术时代，网络约会、线上交友软件等约会交友活动中缺乏亲密关系和真实的联系，让我们意识到了人与人身体接触的重要性。柯普重新对回到身体的关注，通过指向鞋子所希望表达的方向来显示肢体语言，这不一定符合社交活动中的某些社会行为准则。她通过将作品中隐藏的线条具象化来表明这一点。此外，她还研究了足部形态的视觉心理学，并展示了如何将其用于鞋履设计。通过这种方式，她的项目可以重新定义鞋履设计的过程，并作为反思人际关系的叙事语言。

"所有好的设计都是至关重要的。设计师先要找出他们正在重新设计的物品的问题，并提供一个更好的方案，批判性设计将其应用于更大、更复杂的语境中。批判性设计是将批判性的思想转化为可见的实物。这是通过设计而不是文字来进行的思考与产出，并使用设计的语言和结果来达到目的。"这是2013年鞋具设计师滕·伯默尔在她的作品"一个可衡量的因素决定了它的运作"（A Measurable Factor Sets the Conditions of its Operation）中的观点。设计也被用作一种语言，但是该语言是技术性和现实性的，而不是文字性的，它是产品设计的语言。这个作品是她在金斯敦大学（Kingston University）艺术、设计和建筑学院斯坦利·皮克画廊（Stanley Picker Gallery）的成果，获得了斯坦利·皮克奖学金，被设置为一个沉浸式装置，通过视频将与鞋履系列相关的设计、生产、测试和试穿过程及结果都展示了出来。

作品视频《强制性的物质》（Material Compulsion）将"运动中的女人"作为研究的对象。通过拍摄在不同的地面上行走的一个穿高跟鞋的女人，将她"分解"为一个复杂的结构进行分析："当被放置在不同的环境中或当被迫穿过特殊的地面时，一个穿高跟鞋的女人（身体上和情绪上）失去了平衡，开始滑动、摔倒、下沉或绊脚，从而改变了她原本感知的身份。"

通过这种方式对行走这一行为进行探索，伯默尔揭示并质疑了高跟鞋在当代社会女性身份的文化建构中所扮演的角色。

通过应用生物学的方法，如步态测量，来解构鞋履的过程，从而重建鞋履设计中合理的参数、审美的直觉和结构上的数据。例如，架子上展示的白色原型

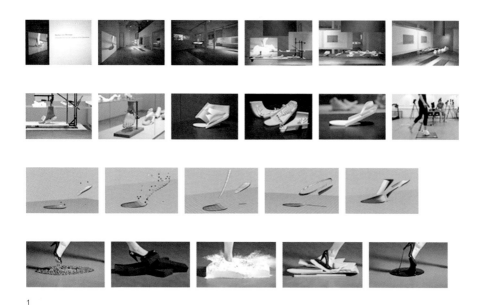

1

2

1. 滕·伯默尔，"一个可衡量的因素决定了它的运作条件"项目概述图，2013
2/3/4. 滕·伯默尔，白色原型，2013
　　摄影：艾莉·莱科克 (Ellie Laycock)

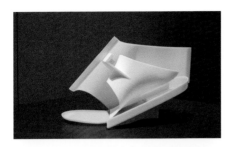 

3

67

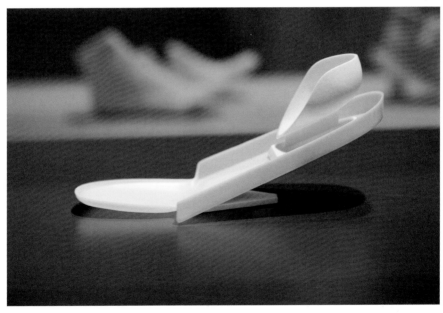

4

测试件，勾勒出从解剖学和运动学研究中得出的脚和地面接触点的特定组合模式。这些为挑战传统的定型观念的可能性提供了理论支持。

白色原型看起来像是半只脚的横截面，一种类似矫正鞋垫的结构可以将脚放在适当的位置，并且还用作闭合系统来固定脚。通过这种方式，我们的注意力被引向了一个完全通过制鞋技术和结构来传达的叙事。该项目的重点是高负荷类型的鞋具的工程设计，而不是这种鞋所承载的象征性问题。她也忽略了所有标准的制鞋方法。这是一种有目的的方法——她旨在"逃避时尚潮流趋势和风格，基于在运动时对支撑一只脚所需的造型结构参数的研究"。在这个意义上，她的工作也应该被视为是批判性的。

该项目提供了一个特殊的、抽象的鞋履解决方案，展示了在高跟鞋结构支撑脚的新方法，她还考虑了足部健康和处于非自然状态下的身体的问题。最终，一种新的鞋履美学和时尚轮廓从她的"功能性—生物特征识别—动力学—运动学"研究中脱颖而出，并成为鞋履设计的潜在替代方法。其中一个白色原型已经被转换成在生产的"蓝板鞋"，展示了一个原本完全在市场之外开发的项目是如何进入鞋履市场的。

在过去15年左右的时间里，鞋履经历了一场巨大的形式上的革命，这体现在奢华的高定秀场鞋履的设计上，也体现在探索3D打印应用的设计上。例如United Nude品牌与洛斯·拉古路夫（Ross Lovegrove）和扎哈·哈迪德（Zaha Hadid）等产品设计师和建筑师之间的合作。

概念设计的产品，被看作是主流消费市场边缘的"雕塑"和"艺术品"，但仍处于商业世界的范围内，就如同概念车和概念厨房的设计一样，为小众人群而服务。在时装和时尚鞋履领域，这种概念设计的产品以时装秀或概念展示的形式出现，通过展示最新技术的潜在应用来促进品牌和设计师的发展。在这种情况下，概念设计也可以不具备批判性，而成为是一种构建时尚潮流的方法。

近年来，时尚鞋履设计已经发生了许多变化，一些品牌的目标是可持续发展，如Veya、斯特拉·麦卡特尼（Stella McCartney）；另一些则关注应用技术，尤其是耐克和阿迪达斯等运动服装公司。无论这些项目多么有趣,技术多么创新,它们都不会涉及或讨论社会和文化的含义。它们仍局限在社会和现实范围内,与当前人道主义设计的运作方式非常相似。

我们需要应用另一种概念设计方法,提供产品提案和建议,而不单纯围绕增加美学上的变化,或者仅仅应用新的材料和技术,这些程序本质上仅仅只解决美学问题,仅回答了过渡文化的要求。"在市场之外存在的新思想、新方法和新问题可以在这个概念空间中发展,并为设计本身提供新的可能性,为技术研究提供新的美学可能,或思考更多的社会问题——如民主、可持续性以及我们当前社会模式的替代方案。"(Dunne & Raby, 2013)"批判性设计使用思辨设计方案来挑战产品在日常生活中的狭隘、先入之见和现实情况。"(Malpass, 2015)

"我们自己的皮肤"(2015—2017)是一个正在进行的项目,包括艺术家瑞安·所罗门(Rhian Solomon),他主要研究医学专家和设计师之间的交叉合作,以探索皮肤的潜力;另一个参与者是鞋具及3D概念开发设计师利兹·乔卡洛(Liz Ciokajlo),他专注于材料、新兴工艺和设计构造。

在伦敦拉文斯本学院(Ravensbourne College London)支持下,由知识转化网络(Knowledge Transfer Network)、创新英国(Innovate UK)和艺术委员会(the Arts Council)资助的MV Works项目得以实现,探索皮革是否可以被替代,不再将其作为鞋履设计和生产的原料。可以用具有人类足部皮肤物理特性的材料代替它吗?这种方法随后能用于开发如人造皮革等可持续材料的设计吗?

这引发了各种各样的问题和潜力:"我们不能'生'一只鞋吗?"以及"你的那只鞋上'生长'出了什么?"由此,它需要一种结构——在医学界,嫁接是为了让不同的东西生长在一起,嫁接设计的灵感就来自整形外科医生使用的医学实践和方法论。

正如"我们自己的皮肤"项目介绍中所说的,"我们使用皮肤张力线(朗格线)的原理来实现一种结构。将被称为增大剂(auxetics)的弹性细胞放入该结构

我们自己的皮肤, 2016

中，以解决材料和设计可以为批量生产的鞋所需的舒适度而细微变化。增大剂似乎也提供了一个反应灵敏的360°结构，由此，我们推算'代码'来形成鞋底，从而保持'代码'的简单性。该方法是从脚的内表面到外底的设计结构，我们的研究仅仅挖掘到了这种潜力的表面可以定制特殊性能的应用结构。"

"从历史上看，鞋履设计的结构是从对另一种动物皮革材料的处理演变而来的，而制造机器已经进化到可以自动控制那些以前需要手工操作的皮革材料来制作鞋子。随着聚合物等新型鞋履材料的引入，鞋履设计的结构在如何处理皮革的思索下不断发展。"

如今3D打印技术的发展也促使鞋履设计的进一步发展，3D打印技术可以构建非常精细的细部，以至于材料结构和设计结构之间的界限开始变得模糊——实际上，鞋子不需要被构建，但可以被"生长"出来。

一名鞋匠在处理材料的过程中，我们会对材料是如何使用的，以及如何切割它提出疑问，我们会探索人类足部皮肤的特性，重新思考如何为未来制造的3D打印和"自然生长"的鞋子进行设计。这个结果不是一只鞋，而是一个设计结构和一个系统，设计者可以利用它来寻找鞋履设计领域中的新机会。

设计师还可以利用计算机完成这个过程，并拥有无限的美学探索的自由。更重要的是，设计师可以创建新的设计结构，从而最大程度地发挥3D打印在鞋具设计和制作中的优势。这对鞋匠和最终穿着者都有广泛的影响——它不仅可以提高制鞋效率,实现更加可持续的生产,减少制鞋过程中的大量浪费,它还将通过利用计算机技术进行定制化处理/测量以获得更好的"合身性"和性能,从而带来更舒适的鞋子。例如,鞋里自带的矫正步态的鞋垫,它可以矫正人们走路的姿态,避免将来可能出现的足部健康问题。这将有潜力成为一种更以人为中心的设计方法,成为一种新型的定制鞋。

这个项目的优势不在于把鞋作为设计语言来使用,设计的可能性尚待探索(到目前为止,只提供了一个可用于设计的结构),但它创新的关键在于这种技术提供的思辨机会和社会文化的含义。

1

2

1/2. 我们自己的皮肤,"走进荒野"(Into the Wild),伦敦萨默塞特宫(Somerset House)的MV Works展览,2016

通过把 个产品置入一个未来驱动的场景中，探索关于我们对当前生活方式的批判性思考。例如，该项目提出了基本的伦理、社会和文化问题：如何帮助我们解决足部健康问题，如何帮助我们根除生产而产生的污染和动物产品的消耗。最终，它推测出了我们自己的皮肤在生长，从而矫正身体的某个部位以获得最佳功能，在这种情况下，鞋子变成了第二层皮肤，就像变成了一个假体。通过这种方式，这个项目提出了"未来人类造物意味着什么"的问题。

2017年，克里斯蒂娜·沃尔什（Kristina Walsh）的项目"超越足部的鞋具：存在的延伸"（Footwear Beyond the Foot: Extensions of Being）研究了鞋履设计是否可以作为一种工具来改善下肢截肢者的心理健康，以及它如何促进与他人以及与自己的新的关系。截肢者和这一领域的研究已经开始探索解决假肢和生活质量的多方面功能与时尚和设计相结合的方案。

近年来，一些截肢者在时尚领域的知名度逐渐提高，如模特兼运动员艾米·穆林斯（Aimee Mullins）参加了亚历山大·麦昆（Alexander McQueen）的时装秀。沃尔什通过研究假肢行业的实践和一些截肢者在截肢后所面临的细微的心理体验，来进一步阐述了这一点。这引起了人们在互动设计上的关注，涉及临床研究发现、访谈反应或认知行为疗法等方面。访谈是由非公众人物（比如运动员或模特）引导的，旨在收集有关截肢者日常生活中的基本需求，如购物、上班或上车，如何在日常生活中安装和佩戴假肢，以及如何让截肢者感受到时尚感。

该项目是一系列鞋履制作工具的集合，通过提出新的潜在产品、更强调验证过程的方法以及提供目前在行为健康中尚未使用的设计工具，来重新定义鞋具的内涵。这些设计"鼓励正面的身体形象，强调社会支持，质疑假肢行业产品所提供的有限的情感体验"。

在康复过程中帮助截肢者的一系列产品都是采用合适的材料制成的原型。如，"冥想站"（Meditation Station）是行为治疗师的教学工具，这是一个可移动的空间，创造了一个自我反思的环境，以帮助截肢者重新建立截肢后的身体认知。自从临床心理学研究提出"截肢后康复的第一个里程碑是必须重新定义身体形象"这一理论以来，这成为一个基本要素。

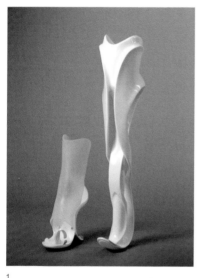

1

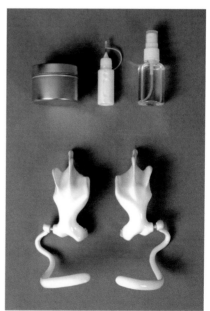

2

3

1. 克里斯蒂娜·沃尔什, 治愈螺旋, 2016
2. 克里斯蒂娜·沃尔什, 冥想站, 2016
3. 克里斯蒂娜·沃尔什, 脚触, 2016

批判与思辨设计方法下的鞋履设计实践

"脚触"(Foot Feeler)则是作为治疗过程的辅助工具而设计的，在治疗过程中，伴侣会参与治疗过程。这些物品将在两个人之间使用，一个是截肢者，另一个是伴侣，目的是让两个人都接受残肢，从而恢复亲密关系。这个形式是抽象而又性感的，既方便肢体，同时又希望吸引对方去触摸。轻抚脚底，留出空间让拇指在截肢上移动，这有助于截肢者重新建立一个新的积极的自我形象。

"治愈螺旋"(The Healing Helix)是一双奢侈的鞋，旨在让截肢者通过鞋重新自豪地向社会表达自己，宣称自己的身份。这双鞋是针对治疗即将结束时准备的，它旨在展示假肢设计的可能性：美学品质有助于提高人们对生活质量的积极体验，并鼓励以这种方式进行治疗。"治愈螺旋"重新定义了时尚的假肢，沃尔什的研究发现，从制造商以及一些截肢者的角度来看，这是一个令人兴奋的领域。

所有这些项目都聚焦于重建人与人之间的联系，要么是通过"冥想站"与人本身建立联系，或者在两个有"脚触"的人之间，要么是用假肢与外界重新建立连接。在这个过程中，该项目不仅仅是通过包容性来进行创新，而且还旨在启发公众对假肢的认识，并关注截肢者的心理健康。因此，这是一个将产品设计、鞋履设计和时尚融合在一起的项目。

沃尔什项目的批判性要素是面对不完美的身体，通过创造新的人体形象来解决这一问题，并提供富有想象力和可实施的真实产品方案。该项目还解决了社会保险的问题——一个截肢运动员的社会保险只支付最基本的假肢费用，而不能支付含有最新技术或高科技材料的假肢 (Fischer, 2016)，这个项目通过创新，改善了普通假肢的使用体验。

结语

以上的所有设计师都把"人"放在设计体验的中心：柯普讨论人类的亲密感，萨尔盖罗通过引用"物化"一词来表达，滕·伯默尔通过解剖学压力点来探索高跟鞋的构造，"我们自己的皮肤"项目从人类皮肤的工作原理获得灵感并以此设计可能产生的鞋具，沃尔什则通过质疑真实和理想的身体来进行设计。不同的方法论和跨学科的知识，如首饰、时尚、生物力学、运动学、矫形外科和整形外科，为这些涉及不同背景的作品提供了灵感。

这些作品创造了对现实物品的替代性的未来愿景，不只是风格（肤浅和过渡的资本主义消费文化的特征），而是真正的可持续物——可持续的愿景、可持续的生产模式、可持续的生活方式，即经久耐用并改变事物根本方式的东西。

这就是为什么将设计作为批判方法如此重要的原因，因为在资本主义消费文化中，它可以"提出问题，鼓励思考，揭露假设，促进行动，引发辩论，提高认识，提供新的视角，以一种理智的方式启发和娱乐。"（Dunne & Raby, 2013）在这个过程中，本文中的鞋履设计项目使用了嵌入在设计中的物质性和在生产中的意识形态和价值观，对抗当前市场产品文化中固有的一种颓废主义的形式，并考虑我们想要塑造什么样的社会和未来。

75

参考文献

BAUDRILLARD J, 1996. The system of objects. London: Verso.

CALINESCU M, 1987. Five faces of modernity: modernism, avant-garde, decadence, kistch, post-modernism. 2nd ed. Durham: Duke University Press.

DUNNE A, 1999. Hertzian tales: electronic products, aesthetic experience and critical design. London: RCA CRD Research Publications.

DUNNE A, RABY F, 2013. Speculative everything: design, fiction and social dreaming. Cambridge: MIT Press.

FISCHER E, 2016. Au corps du sujet. Issue 33. Geneva: HEAD – Genève.

FISCHER M, 2012. Capitalist realism: is there no alternative. London: Zero Books

FOSTER H, 2002. Design & crime. London: Verso.

GIORCELLI C, RABINOWITZ P, 2011. Accessorizing the body: habits of being I. Minneapolis: University of Minnesota Press.

LEMON L T, REIS M J, 1965. Russian formalist criticism: four essays. Lincoln: University of Nebraska.

MALPASS M, 2013. Between wit and reason: defining associative, speculative and critical design in paractise. Design and Culture, 5(3): 333-356.

MALPASS M, 2015. Criticism and function in critical design practise. Design Issues, 31(2): 59-71.

MALPASS M, 2016. Critical design practise: theoretical perspectives and methods of engagement. The Design Journal, 19(13): 473-489.

配饰及其在时尚界的身份构造
以 19 世纪的法国为例

Accessories and Construction of Identities in Fashion
The Case of 19th-Century France

艾米丽·哈曼
Emilie HAMMEN
法国时装学院副教授

本文旨在从历史的角度分析时尚配饰的象征性构造，回顾西方消费文化的兴起，它形成于19世纪的法国，这一时期，配饰逐渐演变成一种重要的社交工具，罗兰·巴特（Roland Barthes）称之为"时尚的语言"。尽管这项研究是基于对历史的回顾研究，但从那时起，我们与配饰的关系——即它们在个性构建中所扮演的角色——就已经相当重要和稳定了。

被物化的时尚

在19世纪前几十年的法国，时尚正逐步进入工业化阶段，但时尚手工艺品的创作过程仍然与早期的工场手工业（这个时期跨越了几个世纪，最终结束于18世纪后期的法国大革命）非常相似。时尚消费品需要一个由各种工匠组成的协作来创造一个新的作品，以制作一件衣服为例：人们必须购买原材料（织物），通过刺绣、染色或其他类型的处理对原材料进行裁剪和转化，最终将其转化为成品，如夹克、连衣裙或外套。这种制作时尚产品的思路延续了整个19世纪，时尚消费者或多或少参与、协调从面料到成衣的各个步骤，消费者的角色几乎等同于真正的制造者或工匠。

19世纪初也是时尚媒体迅速发展的时期，在当时流行的典型杂志有《女士与时尚》（Le Journal des Dames et des Modes）和《小信使》（Le Petit courier des dames）等。时尚在社会上占据越来越多的话语权，这种现象清晰地揭示了人们对时尚的理解发生了深刻的转变：首饰与配饰（除了服装外人们穿戴的产品和物体）被认为是有身份识别性的。首饰与配饰享有一定的独立权，要求佩戴者将其作为独立的物体。如杜瓦勒罗伊家族（Duvelleroy）的扇子、梅耶家族（Mayer）的手包等，它们是众多可识别的物品中的一部分，但它们不再仅仅依赖佩戴者的存在。再如，1830—1840年代的时尚记者，通过描述项链的设计聊公园聚会，通过描述优雅女士肩膀上的精致披肩聊戏剧首演之夜，通过描述腰带聊化装舞会……这些都是将时尚的表现具体化为某件物品的完美例证。从某种意义上说，我们可以将首饰与配饰作为独立的时尚物品，以独特的方式描绘时尚的轮廓，展示了一个我们可以称之为"时尚认知"的过程，即"物化时尚"的过程。为什么在19世纪中叶之前的几年里可以观察到这种演变呢？当时的时尚文化发生了什么变化，使得这些物品获得了这样的认知和重要地位呢？

第一个答案在于深刻影响这一时期的技术变革：随着工业革命的展开，制造过程被彻底重新定义和改造，劳动力的机械化以及新工具、新材料的引入构成一个全新的生产与制造体系。在这个过程中，首饰与配饰行业受到的影响最大。工匠们通过完善他们的手工艺并申请专利，对制造商和某些产品拥有了法律约束——专利这种对设计师创造力的官方认可逐渐鼓励了产品和设计师之间的紧密联系。

因此，结合时尚美学和新工艺材料的首饰与配饰被认为是设计师们的作品，而不是制造商或工匠劳动的结果。如，"梅耶尔发明的新方法赋予了手套制作一种独特的完美形式"，这正是吸引消费者在舒瓦瑟尔街参观他的工作室的诱因。"所有尝试过这种新方法的优雅女士都为之着迷，而获得独家专利的梅耶尔也看到了他的名字成功在巴黎时尚界中崭露头角。"[1]设计师与专利之间，设计师与产品的时尚属性之间的联系可以理解为我们今天所说的品牌战略的早期阶段。有趣的是，是首饰与配饰这种有形的、美好的、自主的物品——而不是按需定制的服装——处于对时尚全新诠释的前沿。

时尚的语言

除了这种渗透到时尚话语中的技术修辞，使人们能够通过独特和创新的材料、组件或结构来识别首饰与配饰物品，还有另一个原因使得配饰在19世纪法国时尚的文本描述中具有如此突出的作用，这与时尚能够参与复杂的社会表征符号学的独特角色有关。这并不是一个新的概念——在欧洲君主制的漫长历史中，礼服的形状，外套、鞋子甚至首饰的颜色等都是宫廷社会错综复杂的权力代表制度的一部分。对我们今天的讨论来说，新奇和有趣的是后革命时代法国的政治背景：旧政治制度及其对社会秩序的统治在18世纪末（1789年动乱开始）以法国大革命结束，而后一系列短暂的政治政权统治塑造了波动的19世纪初期：民主共和国、君主立宪制、帝国统治……法国公民在数十年的政治变动过程中看到了政府更迭的真正内核。这种相当紧张的政治环境直接影响了人们对时尚的理解以及时尚对现代生活的作用，几个世纪的皇权统治下所建立的等级制度和明显的社会分化正在被重新定义，允许有抱负的资产阶级加入新形成的精英阶层，在19世纪人们拥有了一定的着装自由，可以随意选择穿什么和戴什么。

从法律和物质意义上来说，拥有自由来塑造自己的社会身份赋予时尚一个新的目的：帽子的样式、手套的剪裁、雨伞的颜色、项链的材质，不仅仅是表露个人品位的装扮，在一个已经废除了贵族特权和着装规定的社会里，这些有意识的时尚选择是构建自我形象的一种重要方式。自我形象的塑造已不再仅仅与休闲活动联系在一起，而逐渐成为建立和确认严肃社会身份的象征。

1827年，一位不出名的作家埃米尔·德·恩培塞 (Baron Emile de l'Empesé) 出版了一本风格手册《十六节演示领带系法的艺术课》(*L'art de mettre sa cravate de toutes les manières connues et usitées, enseigné et démontré en seize leçons*)。尽管作者颇为神秘，但印刷商和出版商却非常有名——年轻的奥诺雷·德·巴尔扎克 (Honoré de Balzac)，甚至有一部分学者相信，他可能参与编写了这本书的大部分内容。这本手册旨在向时尚男士展示如何打领带，更具体地说，演示在不同的场景得体地选择哪一种结。手册正文附有32个领带样式，说明了许多可供选择的打结方式，作者认为："系领带的艺术对于社会人士而言，就像举办国宴对于政治家一样。"借由这本书，读者除了能够避免选择糟糕的颜色或错误的图案设计而被嘲笑的风险，还可以通过领带结的形状揭示他个性中更深刻的方面——勇敢还是好奇；懦弱还是狭隘；保守还是浪漫……正如作者所说的，"天才的领带总是与普通人的领带不同"。

没有人比19世纪中叶的纨绔子弟更能理解和掌握将自我形象的塑造作为一种本体论追求。如，经常被提及的博·布鲁梅尔 (Beau Brummel) 和他的男管家一起花几个小时系领带结的传说，反映了他通过配饰的物质性来表达他雄

1. 详见《小信使》1840年3月刊，99-100页。

心勃勃的心态，对绝对优雅的追求以及对卓越的渴望。人们的穿戴反映出人们不同的个性——这也就主导了在购买每一块手帕、手表、首饰或者帽子时人们不同的选择。"时髦主义几乎是一个难以描述和定义的东西。那些拥有时尚视角看待事物的人想象它就是艺术品，是一种在个人外观上的大胆而恰当的述说。"1845年，朱尔斯·巴比·德·奥尔维利（Jules Barbey d'Aurevilly）在他的开创性论文《时髦主义和乔治·布鲁梅尔》（Of Dandyism and of George Brummell）中这样写道："当然是这样的，但除此之外，还有更多的东西。"这清楚表示了一个人的个体身份构造需要更形而上学的深层探索。

不同配饰所代表的复杂语义系统，在纨绔子弟身上——但更普遍地在19世纪法国社会的任何特定个体身上——吸引了一个标志性的语言学理论家。1962年，罗兰·巴特发表了一篇题为《时髦主义与时尚》（Dandyism and Fashion）的文章。其中，他指出时髦主义与时尚历史有关，也与法国的政治和文化历史有关。巴特首先评估了后革命时代男装的原创性，旨在争取一种更"中性"和"民主"的吸引力，巴特写道："正是在这里，我们看到了一种新的审美范畴在服装中出现，这注定会有一个长远的未来。既然不可能在不影响民主和工作风气的情况下改变男性的服饰类型，独特的细节开始在服饰中发挥与众不同的作用（代表着'近乎一无所有的''我不知道的''某种态度'等）。"巴特还特别描述了各种各样的配饰，这些配饰是他"独特细节"概念的具体体现：领带上的结、背心上的纽扣、鞋子上的扣环……几乎所有这些细节都由配饰来表述品位。

现代配饰：全球差异与奢侈品市场

这种非语言的语义体系正在自主制造的商品中发挥作用，这种时尚语言通过首饰与配饰和我们更现代、更中性的服装相结合而高效地发挥其社会作用，在今天看来依旧是有意义的。最早提出这些问题是在19世纪上半叶，距今已经有近200年的历史了，然而，时尚的基本法则似乎在西方消费文化中并没有多少改变，因为它们是在早期工业和资本主义社会中形成的。随着现代时装业早期阶段的参与者将他们的客户群扩大到巴黎时髦纨绔子弟圈子之外，以拥抱更加全球化的市场，他们产品的独特奢侈品光环似乎也在继续服务于同样的目的。手套制造商梅耶、紧身胸衣制造商约瑟琳（Josselin）早已不复存在，杜瓦勒罗伊家族今天仍在巴黎经营，尽管仍然需要重新挖掘粉丝的时尚潜力，但这种具有深厚文化底蕴的家族产业在当今的奢侈品市场上非常活跃。如，爱马仕（Hermès）家族从1837年开始为马术制作优雅的皮具，这是在巴尔扎克的领带风格手册问世10年之后，也是朱尔斯·巴比·德·奥尔维利发表关于时髦主义的文章的几年之前。同年，如今最大的奢侈品集团之一的创始人——年轻的路易·威登（Louis Vuitton）当时也刚来到巴黎，开始学徒生涯，接受培训，逐渐成为一名旅行箱制造商，专为上层社会服务。帽子、手套和领带的搭配，包、行李箱或马鞍的搭配，完美地抓住了时髦主义的精髓——通过配饰来表达时尚。实际上，这与今天的奢侈品消费者将爱马仕围巾和LV包包精心搭配在一起没有什么不同。它既表达了设计师的原创性和艺术性，也表达了佩戴者的身份与个性。如今，随着产品生产规模的扩大，这最后一点听起来似乎是有点矛盾，因为奢侈品被更多人拥有了，它还奢侈吗？尽管如此，从市场人群基数来看，能够对品牌和时尚趋势有实际购买能力的人群依旧是少数，时装与配饰构建了时尚奢侈品的帝国，而且配饰产品仍然是时尚中最强大的光环之一，它和其他任何纺织服装都不一样，在"自我品牌推广"和"自我形象塑造"之间建立起这种迷人而错综复杂的主导关系。

解析与身体有关的首饰

关于穿戴与"丢弃"的文学

Belaboring Dress
Literature of Wear and Tear

宝拉·拉比诺维茨
Paula RABINOWITZ
美国明尼苏达大学终身荣誉教授

对哲学家而言，时尚最有趣之处在于它非凡的预示作用……任何懂得如何解读这些预示信号的人，不仅能提前洞察艺术的新潮流，还能预见新的法律法规、战争和革命。

—— 瓦尔特·本杰明（*Benjamin, 1999*）

我说："写一行诗可能要花我们几个小时；但这看起来可能不是一时的想法，我们的修改和推敲都是无用……"

……

那个美丽温柔的女人……

回答说："生为女人都知道——虽然她们在学校不谈论它——我们必须努力变得美丽。"

我说："自从亚当倒下，肯定没有什么好东西是不劳而获的。"

—— 威廉·巴特勒·叶芝（*William Butler Yeats, 1956*）

现代配饰：全球差异与奢侈品市场

上文的两篇题词，一个是德国犹太哲学家和评论家瓦尔特·本杰明在欧洲被法西斯侵略期间写的，另一个是爱尔兰诗人威廉·巴特勒·叶芝在20世纪初发表的，正如他们所暗示的那样，时尚（或者是叶芝笔下的"女性美"）是有意义的，这个意义是通过写作来实现的。戴安娜·弗里兰（Diana Vreeland, 1984）在思考安娜·卡里尼娜（Anna Karinina）提到的礼服时，用她的反问概括了整个20世纪的时尚："没有文学，时尚将何去何从？"时尚是一个需要解密的信号、一行需要被读取的诗，同时它隐藏了创造它所需要付出的努力和劳动，并揭示了它可能的影响力。理解时尚，穿戴时尚，体现时尚的形象，就是在这些物品（包括时尚的人体）预示的趋势中瞥见过去，理解创造时尚所需的材料和劳动，同时预测未来。叶芝就是在利用他的女性对话者和他尖锐的女权主义评论来强调写诗所需的抽象的劳动力。这首诗很有诗意，它坚持主张无形的物质条件——花在沉思、写作和修改上的时间，在这段时间的劳动中，同时又要花费精神和脑力来创作一首诗，这对它的美学价值是至关重要的。此外，当叶芝笔下的那个美丽温和的女人与他自己的诗集共鸣时，很

解析与身体有关的首饰：关于穿戴与「丢弃」的文学

明显，他的劳动本质上也是一种美学实践，一种未被看到的实践，因为眼睛看到的是它的最终产品，而没看到其背后修改和推敲的过程。对本杰明来说，正是这种最终形式——被我们称之为时尚——通过隐藏它是如何发生的，通过拒绝暴露它的内核，可以预示社会关系的未来发展，包括艺术、法律，甚至革命。因此，要彻底改变弗里兰的观点，我们可能会问：没有时尚，文学（或哲学）将何去何从？

事实上，在任何一个时代，美丽或时尚这样似乎短暂存在的事物都会成为焦点，并且将抽象文化和社会的对象变得具象化。矛盾的是，这种抽象在当下流动穿梭，因为它已经被认定是尚未发生的事物的先兆，可以理解为"社会趋势"。两位作家都提出一种审美劳动的理论，这种理论推翻了当下，概括了过去并展望未来的发生。时尚，女人的美丽，一行诗词，一种社会批判——要完全理解它们，就要关注其背后悬而未决的线索，这些线索本应该在生产过程中被去除，或者至少被忽略、被覆盖掉的。就像在1926年拍摄的詹姆斯·范德泽（James Van der Zee）工作室的一张普通照片中，"绑带舞鞋"吸引了罗兰·巴特（Roland Barthes）的眼睛，这张照片是一个非裔美国家庭摆拍的家庭肖像照，照片背景多余的部分显示了它的价值。巴尔特用引号突出强调的这个"细节"——"一个局部的对象"——绑带的鞋子"刺痛"了他，表达了他的"同情"。"为什么这种过时的时尚会触动我？"他纳闷。巴尔特揭示了对细节的"研究"比照片本身的主题更能"唤起"人们的兴趣，他将时尚、配饰、摄影和写作交织在一起，将所有这些与批判评论联系起来，正如他总结的那样，"点睛之笔可能是不合时宜的。"（Barthes、Lucida，1981）它扰乱、吸引、影响了观者的注意力，同时它也是理论性的。

大卫·托特（David Trotter，2012）在他的文章《查特莱夫人的运动鞋》（Lady Chatterley's Sneakers）中提醒人们注意另一双女鞋，并就纯粹的磨损问题给出了一个全面的诠释。劳伦斯（D.H.Lawrence）把康斯坦斯·查特莱（Constance Chatterley）描述为"一个特殊的现代女性"，为我们描述了她穿着什么鞋去林中小屋和情人约会见面。托特注意到叙述者的旁白提及康妮穿了一双"橡胶网球鞋"（第二版中有这个细节），还带了"一瓶科蒂香水"，去树木茂密的林中小屋与奥利弗·梅勒斯（Oliver Mellors）幽会。托特在小说中用"如熔岩般的散文风格"展示了配饰和小物件等细节的重要性，虽然这

184

詹姆斯·范德泽工作室的照片, 1926

部小说主题与时尚无关。运动鞋是1920年代新式鞋具的最新代表,在本杰明看来,劳伦斯适应了即将到来的(鞋类)革命。托特梳理了这些新式鞋履的出现,认为这是中产阶级日益增长的运动热潮的一个明显特征,他揭露了这些鞋在日常生活中的身份和特殊事件的隐喻,以及现代女性可以将它们与香水搭配的多功能性——运动鞋可能会让房子的女主人不被留意地溜出去,因为运动鞋的橡胶鞋底可以在丈夫听收音机的时候掩盖英国乡村房屋吱吱作响的地板上的脚步声——他宣称,运动鞋是"不会发出吱吱声的鞋子"。

还有更多有关康妮运动鞋的故事。它们作为帆布和橡胶制成的物品,预示着英国皇权大获成功的时刻(即使很快就衰落了),英国皇权夺取了遥远土地的劳动力和资源,提炼橡胶、染料等,并将其转化为商品出售,向其他的工业制造过程提供原材料。托特指出,劳伦斯可能在报纸、杂志或传单上看到过运动鞋的广告,因为在1921年,英国橡胶种植者协会(RGA)已经成立了一个宣传部门,开展"倡导将橡胶用于一切的新闻宣传"。他一定已经见过一双真正的运动鞋,如RGA所描述的那样——鞋底不含任何"会损害自然环境和人体神经"的化学物质(Trotter, 2012)。美国Keds的运动鞋广告也是在1920年代由美国橡胶公司赞助的,他们宣称这些运动鞋是为网球场准备的,甚至可以光脚穿着,感受在森林里跳舞的感觉,但是它们实际上是马来亚(Malaya)和锡兰(Ceylon)森林重要的经济产物。显然,劳伦斯对它们足够了解,并将我们的目光引向关注其来源(森林),劳伦斯的当代读者可能已经意识到,

1

2

1. 1919年的Keds运动鞋广告
   来源: 巴尔的摩鞋博物馆 (The Shoeseum, Baltimore Maryland)
2. 1922年的Keds运动鞋广告
   来源: 巴尔的摩鞋博物馆 (The Shoeseum, Baltimore Maryland)

托特是在提醒我们注意不断变化的时尚造型设计、社会文化和经济格局的关系。他举例说明了在橡胶种植园和化工厂工作的劳工者,无形的经济剥削是如何凝结在由工人制造的衣物中的。衣柜里的无产阶级制造的一件衣服,无论是被含蓄地理解或者不被接纳,都会浓缩成一个丰富的理论节点,像时尚一样可以预测未来和社会趋势。

康妮把那瓶"科蒂的木调紫罗兰香水"留在了梅勒斯的小屋里[1]。在1920年代,科蒂(Coty)品牌被认为是一种新出现的时尚轻奢品牌。在亚历山德拉·科隆泰(Alexandra Kollontai)1923年的中篇小说《瓦西里莎·玛里戈尼亚》(Vasilisa Malygnia)[2]中,描写了俄国革命后为争取女性的性自由而进行的斗争。女主人公瓦西亚(Vasya)意识到她必须离开她的情人沃洛迪亚(Volodya),尽管两人都曾是忠诚的革命者。她怀了他的孩子,但他疯狂地爱着另一个女人——他的"情人"尼娜(Nina),而她也"疯狂地"爱上了他。

出于嫉妒,瓦西亚读了尼娜写给沃洛迪亚的情书,并理解到她严肃的共产主义意识不是眼泪、时尚品和情绪的对手。瓦西亚决定放弃沃洛迪亚,离开他,在一群女人的集体中抚养她的孩子,而令她下定决心的是尼娜恳求沃洛迪亚和她私奔那封信,在信的结尾尼娜说道:"想想吧,我太高兴了,我找到了我要找的香水——科蒂的牛至(L'Origan Coty)!"在这里,一款特别的香水也暗示了这个女人是一个色情的对象,是一类有胆量公开展示情欲的现代社会女性角色。

弗朗索瓦·科蒂(François Coty)被称为"香水界的拿破仑",他是最早将合成香精和天然香精混合制作香水和相关产品的香氛制造商之一,这些香水和相关产品面向各类购买者——从用莱俪(Lalique)和巴卡拉(Baccarat)等高端奢侈品的富家女性,到全世界的中产阶级和工人阶级普通妇女。这个男人也是第一个开发出"香水套装"的人,设计出一套有相同香型不同类产品的礼品盒,将香水和配套的香粉、肥皂、面霜、浴盐、口红和其他化妆品搭配出售。根据科蒂网站的报道,科蒂在化妆品生产过程中加入香料后,让科蒂的生产从手工艺时代全面进入工业制造时代。"到1925年,全世界有3600万女性使用科蒂扑面香粉。"[3]科蒂全面进入现代工业制造后,将天然气味——如康妮的木调紫罗兰香水——与实验室开发的一系列人造化学品和材料结合起来,通过精美的广告推广介绍新产品和理念,并将其营销从专卖店扩展到了百货公司销售[4]。正如本杰明所指出的那样:"当生产对人们开放时,他们能接触

1. 除了网球鞋和科蒂香水之外,托特指出康妮也穿着"一件轻便的麦金托什雨衣"。在第二个版本《约翰·托马斯和简夫人》(John Thomas and Lady Jane)中,她穿了四次雨衣(起初,它是"深蓝色"和"丑陋的",但后来它变成了"旧蓝色"和"温暖的")。雨衣也是有机材料和人造材料结合的产物,而且起源于上流社会时尚之外,是第一次世界大战的战利品。正如西莉亚·马什克(Celia Marshik)所指出的,麦金托什雨衣在现代英国人的印象和其他人对英国的想象中无处不在,这使得"麦金"几乎和英国国旗一样象征着国家身份,同时擦除其橡胶外表上的身体的范例。它在战场上的出现把它变成了死亡的标志,而它在街头的巨大吸引力又使它成为一个品牌。这个双重过程是如何发生的?有关答案,详见西莉亚·马什克(Celia Marshik)的 At the Mercy of their Clothes: Modernism, the Middlebrow, and British Garment Culture,第66-101页。

2. 1927年被翻译成英文在美国出版,名为《红色的爱》(Red Love),1931年在英国出版,名为《自由的爱》(Free Love)。

3. 详见https://cotyperfumes.blogspot.com/p/history.html。

4. 弗吉尼亚·伍尔夫(Virginia Woolf)以一首购物的诗歌结束她的传记小说《奥兰多》(Orlando),这并不是偶然的。诗人,同时也是一名现代女性,在百货商店购物,确切地说是在"马歇尔先生和斯内尔格罗夫先生"的百货商店。西奥多·德莱赛(Theodore Dreiser)则把百货公司理解为现代化的技术之一,就像把凯莉·米伯(Carrie Meeber)从威斯康星州运送到芝加哥的火车一样,让年轻的单身女性可以接触到最新的时尚。他在《嘉莉妹妹》(Sister Carrie)中描述嘉莉妹妹走过繁忙的街道,这些街道也深受"集市"的影响,的饰品、服饰、文具和首饰琳琅满目。克里斯蒂娜·乔塞利的《纯粹的奢华:凯特·肖邦的一双丝袜》(Sheer Luxury : Kate Chopin's 'A Pair of Silk Stockings')则讲述了百货公司对年轻女性诱惑的另一个现代主义故事。此外还可以参阅克里斯蒂娜·乔塞利和宝拉·拉比诺维茨的《成为2号的习惯:交换衣服》(Habits of Being 2 : Exchanging Clothes)。

LES PARFUMS

1931年的科蒂香水广告
来源: https://cotyperfumes.blogspot.com/p/history.html

到市场交易中的更多手段来获得美丽——以百货商店的形式。"(Benjamin, 1999)此外,"广告是将幻想强加于市场的诡计",本杰明宣称,"产品、销售、广告——这些都是新兴时尚产业的主要手段和特征,针对的是那些必须付出更多才能变漂亮的现代女性。"

科隆泰结束作为苏联驻挪威大使在斯堪的纳维亚的工作后,在写《工蜂之爱》(*Love of Worker Bees*)时,正在墨西哥自我流放,他也在写作中描述了新上市的科蒂香气扑鼻的扑面香粉这一细节,以表明对异性的欲望和激情的强大诱惑。这种女性身体的商品化的配饰似乎也开始超越了战争革命的"激情"。到1920年代初,就像科隆泰在自传中所说的那样,即使在激进分子中,布尔什维克革命也失去了对这位"性解放的共产主义妇女"的强烈吸引力(Kollontai, 1971)。用卡尔·马克思(Karl Marx)的话来说,这种香粉,或者更确切地说是它的品牌名称,是一种魅力,一种恋物的表现,香粉就是力量。这向瓦西娅发出了信号,她已经失去了她的共产主义情人,而这个情人已经作为一个官僚在新经济计划中妥协,新经济政策下的男人,则向更女性化和时尚的女人妥协。在这两部现代主义小说中,塑造了新女性的情欲,以及新女性为追求理想而在身体上付出的努力。科蒂的商品作为一个细节——用巴尔特的话说,这是一个重要的细节——预示着危险的两性关系,会扰乱这对夫妇。

托特认为康妮的科蒂香水是"技术原始主义"的另一个例子,技术原始主义体现于各种服饰中(比如橡胶底网球鞋),每种服饰都依赖有机和无机材料的融合。它们是现代女性的象征。托特确信,当劳伦斯的女主人公把脚伸进运动鞋并用香水轻拍她的脖子时,他已经想到了这一切。查特莱夫人的科蒂香水和尼娜的科蒂牛至香水,每一个细节都能够抚慰其个性,并以嗅觉的形式和女人的身体一同构建许多关于现代女性欲望和阶级形成的身份理论。他们似乎肯定地回答了娜奥米·肖尔(Naomi Schor, 1987)的反问:"细节是女性化的吗?"它们(配饰和穿着它们的女人),就像卡尔·马克思的外套和成匹的亚麻布一样,都是商品,是一种"双重的东西"。在这两部小说中,它们既是微不足道的附属品,也是实际需要的物品(帮助世俗的行为发生或引诱你所爱的男人离开他的妻子)和有价证券(使现代女性成为爱人的有用且有价值的财产)。因为"价值是将每一种产品转化为一种社会关系的象形文字",马克思如是说,"后来,人们试图破译这种'象形文字',以掩盖他们社会关系的秘密。把效用对象定义为价值,就像他们将社会产品定义为语言一样。"(Marx, 1967)因此,在语言和文学中,我们必须寻求这种"社会产品"的"秘密",这种隐藏在细节中的形式,一方面是很容易被忽视的,另一方面也要花很多精力来拆解和重塑这种价值以获得认知。

在《资本论》(Capital)不到10页的篇幅里,马克思用一件外套作为一个典型的对象,让人们看到使用价值(保暖)和交换价值(根据材料、工艺、剪裁、风格、裁缝和设计师来表明社会地位)是如何交织在一起,并在资本主义下得到了具象化的。其中包括农民和牧羊人的劳动(种植和收获亚麻或剪羊毛),纺织工的劳动(生产亚麻或羊毛布料),而后是工厂裁缝的劳动(手工批量生产服装)。"作为价值,服装生产中的人类劳动等同于亚麻布生产中的人类劳动,我们将前者体现的劳动价值与后者体现的劳动价值视为相等……它们都具有人类劳动的共同特征……是具象的人类劳动。"马克思解释道(Marx, 1967)。有人可能会争辩说,作为《资本主义生产批判分析》(即《资本论》第一卷)基础的整个抽象劳动理论,都依赖于这些等价条件,因为"价值只能在商品与商品的社会关系中体现出来"。(Marx, 1967) 或者，用格特鲁德·斯坦 (Gertrude Stein, 1997) 的话来说："披肩是帽子，是伤痛，是一个红色的气球，是一件外套，是一个会说话的尺码器。披肩是婚礼，是一块蜡，是小小的建筑。披肩……那里有一条中空的空心腰带，一条腰带就是一条披肩。"当一切都变成商品时，所有的交易都是价值交换。

这是彼得·史泰利布拉斯 (Peter Stallybrass) 在他1998年的论文《马克思的外套》(Marx's Coat) 中含蓄地提出的论点，这也许是托特调查康妮运动鞋和香水的案例。史泰利布拉斯展示了在整个1850年代和60年代，马克思在进行《资本论》的研究和写作而往返大英博物馆时，他穿的那件外套和出入图书馆的经验。具有讽刺意味的是，马克思在1852年2月27日给弗里德里希·恩格斯 (Friedrich Engels) 的一封信中写道，"一周前，我达到了一个令人愉快的地步，因为缺少那件外套，我无法出门。"(Stallybrass, 1998) 史泰利布拉斯宣称，"马克思穿的衣服决定了他写的东西"。他们把围绕着他开始走向抽象的"粗俗的物质决定"字面化了 (Stallybrass, 1998)。因此，被拿去典当的破旧外套"被视为体面的价值，是价值的主体"。马克思解释说："在外套的生产过程中，以裁剪为形式的人类劳动力一定已经被实际消耗掉了。因此，在其中积累了人类的劳动力。在这方面，外套是一个价值的存放地，但尽管穿得破破烂烂，它却不能否认这一抽象价值的存在。"(Marx, 1967) 那年晚些时候，马克思又写了一篇关于他外套的文章："昨天，我典当了一件可以追溯到我在利物浦日子的外套，以便买书写纸。"(Stallybrass, 1998) 史泰利布拉斯把马克思的困境理解为双重的，就像商品形式本身一样：他实在太穷了，以至于他不能工作，因为他缺乏作为一名研究者或一名新闻工作者所必需的材料 (大英博物馆会要求穿上得体的服装进入，他需要报纸，以便跟上世界事件的发展)。那件破烂的外套使他能够获得工作所需的材料。马克思的外套变成了康妮和尼娜的科蒂产品：从物质到抽象。

彼得·史泰利布拉斯的剖析将《资本论》的第一部分解释成有形的术语。他把典当行的历史及其在19世纪欧洲文学中的作用放在描绘工人阶级家庭是如何生活的，通常家庭主妇支持典当，妇女也是典当行的主要客群。他也详细说明了工人阶级家庭的治装费用。史泰利布拉斯坚持认为，我们需要理解马

克思在《资本论》写作过程中所忍受的情感和物质情况，通过阅读的方式来理解马克思外套的寓意中的深层含义——外套可以指代一种"个人商品"（ur-commodity），是一个"突破点"，同时它也指代那件从马克思狭窄的住处来回贩运到典当行的现实的外套。寓意和实际外套的双重概念，外套在哲学作品中浓缩成一种表达形式，一种情感形式。实际上，正如史泰利布拉斯指出的那样，马克思的衣物一直是由他的妻子珍妮（Jenny）负责典当的，在典当行交换马克思的外套时，执行是由照顾马克思的妻子珍妮和管家海伦·德穆特（Helene Demuth）完成的（Stallybrass, 1998）。在这里，康妮和她的爱人以及尼娜和她的爱人之间的互动，戏剧化地描述了叶芝在抽象劳动上所产生的联系——"商品"。而犹太语对外套的俚语解释，也有"达到目的的手段"的含义。

具象的劳动力

网球鞋、科蒂香水、一件破旧的外套——这些细节点缀着现代文学和哲学。就像配饰一样，它们悄然释放了本杰明所说的对作品内部和背后的"文学价值"，正如巴尔特所说的"突破点"，它们需要的是被解读的机会。但它们又与文本本身有一定边际效应。文学中服装配饰的描写能引起读者的极大关注，它让人物实际上参与了时尚和自我形象的塑造。安齐娅·叶兹尔斯卡（Anzia Yezierska）1923年的小说《廉价公寓的莎乐美》（*Salome of the Tenements*），基于劳工组织者罗斯·帕斯托（Rose Pastor）与慈善家格雷厄姆·斯托克斯（Graham Stokes）的短暂婚姻，也基于叶兹尔斯卡与教育改革家约翰·杜威（John Dewey）的复杂关系，讲述从廉价公寓的血汗工厂到第五大道的时装业的故事，揭示了制衣业的幕后故事。犹太移民索尼娅·弗伦斯基（Sonya Vrunsky）是下东区有名的美人，她在住所附近的房子里遇到了美国百万富翁约翰·曼宁（John Manning），并决定引诱他结婚。她释放出她"审美情趣的魅力"，诱使各种犹太商人帮助她追求爱情。裁缝雅克·霍林斯（Jacques Hollins）免费为她提供了一件精美的衣服（以及内衣），她还从典当行老板"诚实安倍"（Honest Abe）那里筹到一笔钱来装饰她的公寓。但是婚后不久，索尼娅无法忍受第五大道势利的社会规则，一旦她的追求故事被曝光，上流社会的权势者就会认为她是反犹太主义。最后，她加入雅克成为合伙人，他们决定为格兰德街的工人阶级女性设计美丽得体的服装，而不为第五大道的富裕女性设计。

服装推动着这部小说的情节跌宕起伏。起初，索尼娅被曼宁"高雅绅士的着装"所吸引。她注意到，"他穿着考究的外表没有一个细节逃过了她的眼睛……一位裁缝大师修剪了他宽松的苏格兰粗花呢大衣"。索尼娅对这精致的男性服饰着装的关注类似于另一个"不安分的女孩"——凯莉·米伯，她逃离了生活平淡单调的威斯康星小镇前往芝加哥。在火车上，凯莉妹妹遇到了穿着羊毛呢子西装的"巡票员"查尔斯·杜洛埃（Charles Drouet）——"条纹交叉图案的棕色羊毛外套，背心的下摆露出了烫平的白色和粉色条纹衬衫。从他的外套衣袖里伸出一对相同图案的亚麻袖口，上面用大号的金盘纽扣固定，镶嵌着常见的被称为'猫眼'的黄色玛瑙，他的手指上戴了几个戒指。"（Dreiser, 1920）两位年轻女性都领会到是衣服造就了这个性感的男人——或者说她们是这样认为的——而她们的目光中激发了行动。曼宁精心剪裁而又随意穿着的服装让索尼娅之后便拒绝穿着百货商店难以言喻的廉价品"……柔软的猩红紫色印花连衣裙，花哨的粉色和绿色格子毯子……，这是贫穷的标志"。当索尼娅试穿了"高雅的灰色，再加上脖颈处一点纯粹的白色的蜡染"的衣服,她就变了,"像第五大道出生的人",她对雅克说。雅克的慷慨,明显不同于她小时候遇到过的"阶级行善者",这使索尼娅意识到一种相对舒适的善意和新型的民主。由此,着装艺术变成了"政治工具","我想要的只是能够像阿斯特比尔特夫人(Mrs. Astorbilt)一样穿着丝袜和巴黎帽,不代表任何党派但依旧高雅,无论是布尔什维克主义或资本主义,或者民主党抑或是共和党获胜,我都不会感到困扰。"(Yezierska, 1995)正如霍林斯(Hollins)所说的:第五大道人们着装的服饰和品牌店造就了格兰德街的上层阶级人士的风格,然而他在廉价商店和百货商店中徘徊,下东区的奢侈品的仿制品商店则给予这些渴望时尚的中产职业女性机会[5]。设计师需要用职业的眼光来认知服装和配饰所代表的社会阶层关系。

2006年,林恩·诺特格(Lynn Nottage)的戏剧《亲密服饰》(*Intimate Apparel*)以内衣为媒介揭示了人物之间关系的"内幕",这是丹尼斯·克鲁兹(Denise Cruz)所说的"专属劳动"的一种形式,以文字和寓言概括了服装如何与人产生亲密感,从而形成表象和现实的双重感知[6]。在这部关于劳动关系的戏剧中,一系列的角色在不同的空间里一对一互动,这些空间被种族、阶级和民族隔离开来——在哈莱姆(Harlem)为单身非裔美国职业女性提供的寄宿处,埃丝特(Esther)住在那里,她"为女士缝制贴身衣服";巴巴多斯人乔治(George)在巴拿马修建运河;范·布伦夫人(Van Buren)居住在优雅的第五大道闺房;在下东区的一个廉价公寓里,东正教犹太人马克斯先生(Mr.

---

5. 20世纪初,时尚从富人到穷人、从穷人到富人来回交换,关于服装的民主化形式可进一步参阅安娜·斯卡奇(Anna Scacchi)的"Redefining American Womanhood: Shawls in Nineteenth-Century Literature"。作为城市化历程中的一部分,关于《廉价公寓的莎乐美》中种族主义和性取向的讨论,请参见宝拉·拉比诺维茨的"Meeting on the Corner: Mediterranean Men and Urban American Women"。

6. 丹尼斯·克鲁兹(Denise Cruz)在对迪拜工作的菲律宾设计师的民族性研究中,发现服装创造的情感联系是客户和时装设计师之间的文字和寓言关系。这些亲密的事物产生了新的理论模型,而在这个例子中是涉及全球移民和劳动力的。正如克鲁兹所说:"以全球菲律宾劳工和蒙面穆斯林女性为中心的视觉动力……这种对别处时尚的想象让一个设计师与他的客户实现了某种形式的奇怪亲密。"克鲁兹强调了设计师吉尔(Gil)的故事,他只有一位富有的已婚女人客户,他可能每天需要为她生产十件礼服和十套日常服装,为她挑选她想要的样品。在这位客户和她的设计师之间几乎每天的接触中,形成了一种微妙的亲密关系,克鲁兹发现这种关系打开了人们对种族、宗教、阶级、性和性别秩序的"复杂性"的视野。一些细节可以说明吉尔与客户之间的亲密关系:他知道客户对丈夫保留的秘密(如她想要去抽脂、梳妆台抽屉藏有大量现金),他也会被邀请进入私人空间(如客户的卧室)——就在她丈夫或她刚刚裹好浴巾之后。他们最初的会面是在客厅,有时会移到厨房,客户还会为他准备食物带回家。克鲁兹的关于"一名来自菲律宾的男同性恋设计师和一名酋长国的精英女性"之间的特殊的故事之所以成为可能,是因为"他提供了一种专属劳动的形式。最终,他不仅为她提供了定制的衣服,还提供了倾听和善解人意的开解,让她有机会和他谈论她的生活、她的不安全感。"这种源于"专属劳动"的亲密关系绝对是互惠互利的。(作者注:感谢丹尼斯·克鲁兹允许我引用她的话)

Marks，这个名字不是偶然的）正在出售商品；还有一个地下酒吧后面的房间，那里住着一位非裔美国歌手兼妓女梅梅小姐（Miss Mayme），她在那里生活和工作。这些空间里的角色通过他们穿什么——或者他们为其他人制造或销售的衣服——来让他人了解他们的身份。埃丝特保留了一张她的笔友乔治的照片，穿着一套"细麻布的方便行走的套装……口袋里塞着一条淡紫色手帕"，她通过这个诱惑她的细节了解他。梅梅小姐垂涎埃丝特缝制的性感绣花紧身胸衣——用的是马克先生的日本丝绸衣服的边角料。马克先生"总是穿着黑色"，他为埃丝特留下一点余料，这样她就可以"为她的丈夫做一件可以作为便服的吸烟夹克"。埃丝特还把"手工染的钴蓝色丝绸"做成范·布伦夫人的背心。埃丝特的雇主一直在帮助埃丝特写寄给乔治的信，使她的信达到了能够为他描述加勒比海风景的水平。埃丝特和梅梅小姐讨论着内衣（这种极其隐私的贴身服装）和写信的事情，埃丝特问，"你认为我们能描述这种丝绸吗？你能告诉他你皮肤的感觉吗？它摸起来是多么柔软和细腻。"

背叛比比皆是：乔治最终娶了埃丝特，她身着马克斯先生送给她的手工真丝连衣裙；而乔治也不是他假装的那样有文学素养，乔治也让别人代写他的信；乔治和梅梅私奔了，并将埃丝特为他制作的吸烟夹克送给了梅梅；范·布伦太太不为自己的衣服付钱，而是给埃丝特一个吻，声称要表达出她的爱和友谊。最终，埃丝特取回了那件吸烟夹克，送给了马克斯先生，让他穿上了它，逾越了他的拒绝，怀孕后独自一人回到寄宿处，用收集的所有边角料为她未出生的孩子拼凑一条被子。

这部矫揉造作的戏剧以一系列材料和精细劳动为基础进行交易，将布料转化为服装和隐私的贴身物，营造了亲密感（非真实的）。剧作家巧妙地运用了这些虚构关系的寓意和物质条件，以角色之间循环出现的服饰或织物命名每个场景："婚礼束衣：粉红玫瑰和白色缎子""栀子花球紧身胸衣：粉色丝绸""皇家丝绸：蓝色丝线"等。如同任何精美的服装或配饰一样，细节至关重要，正如肖尔所说，带有明显的性别和现实语境特征。

实际上，《亲密服饰》的剧情会在纽约的各个卧室发生。在1905年，伊迪丝·华顿（Edith Wharton）笔下的莉莉·巴特（Lily Bart）周旋在众多的卧室和舞厅，以发泄她对纽约社会的偏见，直到她也悲惨地在一处单身公寓暂时落脚。紧身胸衣下的窥视，一直贯穿在华顿和她同伴（包括莉莉）异常的成长经历找中，在低质量的手工制品中精疲力竭地寻找美丽，堕落也一直伴随着她们——正如叶芝的《亚当的诅咒》（*Adam's Curse*）出现在《在七森林》（*In the Seven Woods*）中那样。

当莉莉·巴特在一个炎热夏日的大中央车站第一次遇见劳伦斯·塞尔登（Lawrence Selden）时，她在熙熙攘攘的通勤者中看到了宁静的景象，华顿的叙述注意到，她的美丽和完美的着装是以压迫其他人为代价——这些人的努力（裁缝、女帽匠和为她打扮修饰的女仆）使她成为这个令人向往的、令人兴奋的社交对象。华顿知道这是贫穷的女人可以使生活变为富有的可能——有时，甚至迟钝的莉莉也感觉到了这一点——她视自己为另一种"奴隶"，就像她的女仆一样，依赖于密友们的二手衣和善意。最终，她加入了工人的队伍（她发现，这需要比"修剪帽子"要多得多的劳动付出）。在小说的结尾，华顿允许我们从陈列室向后面的女帽工作室窥视，那里充满了胶水和便宜货，浸透有毒化学物质的保存完好的鸟和花，有令人窒息的气味[7]。这就是一切结束的地方，手指缓慢而无力地移动，直到筋疲力尽。莉莉在社会中的下行轨迹反映在她从房子前面（作为顾客）到工作室（作为劳动者），最后到她死去的寒冷公寓的移动中。她不再是消费者，也不能成为劳动者。艾米·里夫（Amy Reeve）在1915年出版了一本名为《实用家居女帽》（*Practical Home Millinery*）的手册，她说："女帽的制作被认为是一种'实用'技能，旨在教育女孩适应日常生活，练习针线活以及与之相关的所有手艺，它鼓励人们养成整洁、勤奋和节俭的习惯。"[8]

这种空间的转化，从房子的前部到后部，寓意着服装和配饰在这部作品——也许是所有文学作品中的表现——它产生重要的角色价值。作为身体的覆盖物，衣服作为一个为使用而制造的物体（甚至气味也是一个物体），即使是最

解析与身体有关的首饰：关于穿戴与「丢弃」的文学

7.早在1970年代，伦敦女帽制造商就在"一个没有通风的地下室"工作，20个女孩坐在圆桌旁，每个女孩都只有很小的工作空间，煤气环和蒸汽锅无法阻挡胶水散发的恶臭。温蒂·埃德蒙兹（Wendy Edmonds）回忆道："快速工作的压力是无情的，但对完美的要求也是如此，手指会变得粗糙。"引自HUGHES C, 2017. Hats. London: Bloomsbury.

8. 在她去世之前，莉莉并不知道自己的组织能力（除了在个人着装和社交生活方面），她把房间收拾得井井有条。她写下一张账单，记下自己欠的钱和她省下的钱。她整齐地整理了自己的衣服和文件，也许她确实从不成功的地方学到了一些东西。

奢侈的服装也在这个表象下塑造出更有价值的表象。它也会构造深度，即使它坚持表象是作为其影响的表达，而对身体装饰物的解析也是一种需要描述的技巧，是一个文学表达过程。注意服装的细节，不仅仅是紧身胸衣，还有洋红色丝绸，在文学世界里，不仅仅是一张扑了粉的脸颊，还有一个散发科蒂牛至香味的形象，也是那些使用和关心这些产品的人的梦想——即使他们不能拥有，只能想象它们的美丽。因此，文学服饰通过关注索尼娅所说的美的民主将阶级差异变得理论化。

1

2

1. 汉考克&詹姆斯·考特女帽制造商和裁缝, 伦敦, 1900
2. 1904年加拿大多伦多伊顿公司女帽工作室
   来源: 安大略档案馆. 伊顿系列收藏, Fond 229. 308-0-1819-2 AO 2329.

华顿详述莉莉悲惨一生的一百年后，斯潘塞·里斯（Spencer Reece）的诗作《店员的故事》（*The Clerk's Tale*）对一个在高档男装店工作的年轻人进行了忧郁的剖析。诺特格的《亲密服饰》提供了一个发生在服装定制店的语境，而《店员的故事》则更深入地探讨了服装和配饰是如何重构阶级、性和性别（包括年龄）的，即使服装某种程度上可以被社会等级体系认知到9。销售员与顾客、其他店员和展示的奢华材料之间的互动，在满足顾客需求的同时，始终注意关注性别、审美和社会差异的细微变化，从而产生关系中的主观因素（即阶级），并鼓励他们进行购买。就像在《亲密服饰》一样，在华顿的小说中只能看到文学性，几乎是看不见劳动的（尽管她敏锐地意识到"她——莉莉巴特"一定花费了很大的代价，必须以某种神秘的方式牺牲许多人物角色来塑造她）。诺特格的戏剧通过剖析优雅丝绸内衣的形式展示了丰富的女性服饰美的价值，而里斯笔下的店员在美国最大的室内购物中心工作，为在市中心和郊区办公室工作的白领提供服务。他每天都花一整天时间在橱窗玻璃后面折叠着"平纹、千鸟格、铆钉和鲨鱼皮"的衣服。文学中的服装清楚地表明"穿什么"具有一种双重意义，服装是一种价值呈现和交换，也是一种阶级关系的论述对象和个人社会实践。

身体的装饰物（可以理解为配饰）不仅是在审美层面上有装饰性的东西，即使感官微弱到只能通过嗅觉感知，也会给人营造某种表象或者分量（有时候是多重关系的）。社会性的人类存在和关系一直在为装饰自己的身体投入多重的劳动：从种植亚麻、棉花和养殖绵羊的农民，到纺织工人的织布过程，到裁缝和工厂的工人将原材料加工转变成可穿戴的商品，到由销售员卖给消费者，到整理衣橱并通过清洗和修补来打理衣服的买家，再到二手商人、废品回收商和垃圾运输工，他们将过时的废弃衣物运送到时髦的二手商店或垃圾填埋场10。着装也是一种感官体验，通过对时装和配饰的材料的描述来激发文学中对性别、种族、阶级和性的感知：触觉、嗅觉和视觉等。在文学作品中评价服装，就像扯下衣物上尚未从接缝处剪下的线，通常意味着详细说明细节，从而使其背后的隐喻观点表象化。就像托马斯·卡莱尔（Thomas

---

9.详见https://www.poets.org/poetsorg/poem/clerks-tale。
10.欲了解更多关于运输和回收衣物的故事，请参阅卡塔林·梅德韦杰夫（Katalin Medvedev）的 It Is a Garage Sale at Savers Every Day: An Ethnography of the Savers Thrift Department Store in Minne。

Carlyle) 在《萨托·雷萨尔图斯》(Sartor Resartus) 中所传达的那样,文学中的服饰是"思想编织和手工编织"的,无论哪种情况下,都体现了人类劳动,是精神劳动或手工劳动的一种表现。如提奥奇尼斯·特菲尔斯克 (Diogenes Teufelsdröckh) 所说,"衣服,尽管我们认为它们微不足道,但却有着难以言喻的意义和社会角色。"[11]正如沃尔特·本杰明的观点,服装是化身。"永恒远比某个想法更令人不安。"他声称时尚的细节及其配饰是哲学的象征 (Benjamin, 1999)。服饰的物质性还会体现在坚硬的布料的沙沙声或一点点复杂的泥土气味可能激发的感受,让我们开始思考那些把布料弄皱的手和混合化学物质的手,在这些风格化细节中,不禁会遐思与有关它们的整个过程。因此,文学中的服装就像本杰明的"信号标志",或巴特的"突破点",或肖尔的"细节",或马克思的"外套",或埃丝特的"背心",或莉莉的"帽子"或康妮的"科蒂香水"一样:它使抽象劳动具体化,给衣服的磨损赋予价值。事实上,许多双手将以上的作品材料变成了寓言。没有时尚,文学将何去何从?

198

结语

我第一次写有关时尚与配饰文章是在21世纪初,克里斯蒂娜·乔塞利邀请我为她正在策划的系列项目《服装与身份》(Abito e Identitá) 撰稿的时候。那篇题为《芭芭拉·斯坦威克的脚链:另一只鞋》(Barbara Stanwyck's Anklet: The Other Shoe) 的文章让我着迷于时尚的各个方面 (以及各类关于时尚与配饰和服装研究的文章)。我要感谢她唤醒了我的这种学术兴趣。最终,我和她共同编辑了《存在的习惯》(Habits of being) 的四卷丛书:为身体配饰,交换服装,塑造19世纪,奢华。从各种意义上来说,这种与时尚主题的接触与文学尝试,重新聚焦了我的教学和研究方向。我感谢我的学生在明尼苏达大学的"穿什么:文学、电影和艺术中的服装、配饰和时尚"(What to Wear:

11.详见http://www.gutenberg.org/files/1051/1051-h/1051-h.htm#link2HCH0005。要深入分析卡莱尔作品的哲学力量及其对拉尔夫·沃尔多·爱默生 (Ralph Waldo Emerson) 超验主义的影响,请参阅朱塞佩·诺里 (Giuseppe Nor) 的《无形的服装:卡莱尔和爱默生的服装哲学》(Garment of the Unseen: The Philosophy of Clothes in Carlyle and Emerson)。

Clothing, Dress and Fashion in Literature, Film and Art）研讨会上对该主题的关注。这篇文章的部分内容，也曾以题为"穿什么和（为什么）我们在乎"[What to Wear and (Why) Do We Care]的演讲内容发表在费城2017年的"时尚理论/理论化的时尚"（Fashioning Theory/Theorizing Fashion）现代语言协会年度会议上。后来被发展成为西莉亚·马什克撰写的《在他们衣服的支配下：现代主义、中间主义和英国服装文化》（At the Mercy of their Clothes: Modernism, the Middlebrow, and British Garment Culture）一书的评论，该评论最初发表在2017年的《英国研究杂志》（the Journal of British Studies）上。

99

参考文献

BARTHES R, LUCIDA C, 1981. Reflections on photography. HOWARD R, trans. New York: Hill and Wang: 43.

BENJAMIN W, 1999. The arcades project. EILAND H, MCLAUGHLIN K, trans. London: The Belknap Press of Harvard University Press.

DREISER T, 1920. Sister Carrie. New York: Bantam USA: 3.

KOLLONTAI A, 1971. The autobiography of a sexually emancipated communist woman. ATTANASIO S, trans. New York: Herder and Herder.

KOLLONTAI A, 1978. Love of worker bees. PORTER C, trans. Chicago: Academy Chicago Publishers: 156.

MARX K, 1967. Capital v.1: a critical analysis of capitalist production. New York: International Publishers.

NOTTAGE L, 2006. Intimate Apparel/Fabulation: two plays. New York: Theater Communication Group.

SCHOR N, 1987. Reading in detail: aesthetics and the feminine. London: Methuen: 4.

STALLYBRASS P, 1998. Marx's coat//SPYER P. Border fetishisms: material objects in unstable spaces. London: Routledge: 183-207.

STEIN G, 1997. Tender Buttons. Mineola: Dover Publications Inc.: 16.

TROTTER D, 2012. Lady Chatterley's Sneakers. London Review of Books, 34(16): 3-7.

VREELAND D, 1984. D.V. New York: Alfred Knopf: 82.

WHARTON E,1964. The House of Mirth. New York: Signet.

YEATS W B, 1956. The Collected Poems of W.B. Yeats. New York: The Macmillan Company: 78.

YEZIERSKA A, 1995. Salome of the tenements. Chicago: University of Illinois Press.

配饰在服装主题下的必要性

以文学和电影作品为例

Accessories
Their Ontological Function as Superfluous/Essential Items of Clothing— with Some Instances of Their Literary and Filmic Meanings

200

克里斯蒂娜·乔塞利
Cristina GIORCELLI
意大利罗马第三大学荣誉教授

根据《牛津英语词典》中的第一个定义，"accessory"（配饰）是指"可以添加到其他物品上以使其更有用、更通用或更吸引人的东西"；其第二个定义，则更针对服装，是指"随身携带或穿戴的物品或非纺织物，以强化服装功能的装备。"因此，"accessory"狭义上说既是"附加物"——相对于不可或缺的物品而言似乎就是额外的东西，也可看作"补充物"或"非大面积出现的物品"——但也是有助于使整体变得更重要的东西。同时，第二个定义也突出了它的另一个特征——"小"，因此配饰可以理解为尺寸、面积不是最大的物品。这些对配饰的正式定义规定了配饰不占据物理的核心位置，换言之，物理上它是位于边缘的物品，这是定义配饰的先决条件，但却并不代表它不占据非物理的中心位置。就服装的物理功能而言，配饰被认为是非必要的功能物品（如果相对于服装的保暖功能而言），是次要的、相对多元的存在。因此，配饰在时装史中的角色充其量是一种配角的存在。

但是，在现当代社会这个开放多元，边界概念解构，一切都趋向于流动和变化的世界里，那些过去的历史定义仍然有效吗？换句话说，那些历史定义真的概括了什么是当代的配饰和其价值与社会角色吗？为什么时装会被认为是时尚的中心，而首饰和鞋、帽子、手包、眼镜等配饰被认为是不重要的存在？

事实上，恰恰相反。比衣服更明显，首饰和配饰可以彰显人的个性，揭示社会和艺术隐喻的表现和意图，包括戏谑和讽刺，暗示阶级和性别关系，这些都有利于人际社会交往，并证明在所谓的社会"结构"中存在的各种联系，而不像衣服那样受到气候等物理功能的制约。总之，配饰是构成一个人外观塑造人物形象的必要元素，就如一条连衣裙、一件外套或一套礼服一样，甚至大大超越了服装的意义。正如卡亚·西尔弗曼（Kaja Silverman, 1986）所观察到的，"服饰（服装与配饰）是主观性的必要条件……在表达身体的同时，它也表达了心理。"电影学者莎拉·贝瑞（Sarah Berry, 2000）坚持认为配饰比服装更加能够成为新型社会行为和模式的催化剂。而罗兰·巴特（Roland Barthes, 1990）则认为，时尚物品也是社交的工具，配饰可以揭示佩戴者——也许是间接的，也许是含蓄的——想要透露的关于他/她个人身份的信息。对"accessory"一词的内涵解读并非偶然，它的词源来源于中世纪的拉丁语单词"accessorium"，该词取自动词"accedere"，意思是"接近"，配饰则更加接近一个人或一个实体。

时尚配饰已经成为时尚构成的重要部分——尤其是在经济危机时期——这一点从英国零售店"Accessorize"（最初以"Monsoon"为名开始营业）等连锁店在世界各地的成功案例中可以明显看出。它通常具有价格不高，体量小，快销等吸引消费者的"特点"，这些"特点"可能会至少使一件旧上衣（也许用一件鲜艳的披肩点缀）、一件破旧的外套（也许用一朵绢花或一枚胸针点缀）、一件过时的礼服（也许用一串珍珠项链点缀），甚至使一张黯淡的脸（也许用钻石耳环点缀）变得明亮而重获新生。相对于服装所代表的复杂性，我不认为过去配饰的定义准确描述了当今配饰的作用和角色。相反，我建议称之为细节，也就是说，配饰不仅仅是"附加物"或充其量是"补充物"，而是时尚中最有说服力的部分。事实上，细节具备更有趣的地位和更丰富的本体论意义。

一般来说，我们所谓的服装细节指的是一件衣服可能会产生的多种变化，如，衣领的细节是指可以装饰衬衫的荷叶边、百褶边、褶皱和褶边。根据《牛津英语词典》，"detail"（细节）是"次要的装饰特征"，不是对某事物的"附加"或"补充"——不是相对于更重要的事物而言处于次要地位的事物，而是独立的、独特的、带有特定品质的"特征"[1]。换句话说，细节是一种可以显著区分服装的"装饰"。它被指定为"次要的"——类似于"配饰"定义中提到的"小的"——这并不减损"细节"的价值和定义，也并没有使它显得不重要，而是指代特别的部分。只需思考一下这句著名谚语中的智慧之珠，"魔鬼（寓意最厉害的角色）就藏在细节中"（The devil is in the details），关键就在于那些看似无关紧要的词语和短语的区别中，在法律合同中，混用相似的词语和短语可能会产生毁灭性的影响。名称的改变很重要，不仅仅需要用一个词替换另一个词，还需要用一个概念替换另一个概念。总之，这些服饰——这些配饰，或者更准确地说，这些细节——需要在我们的生活和时尚习惯中得到真正的重视。

事实上，近几十年来，流行的"混合搭配"技巧已经使得时尚的参数和层次发生了变化。在不同的风格、颜色、图案和材料的混合和设计组合中，不同的细节通常会在第一印象以独特的方式引起观者的注意。观者不再意识到那件旧上衣、那件破旧的外套、那件过时的礼服或那张黯淡的脸，也就是说，观者不再被对象的主体所吸引，而是被诸如那鲜艳的披肩、绢花、胸针、珍珠项链或钻石耳环之类的物品所吸引，这些物品所"象征"的东西比服装本身更重要，甚至比他们的整体穿着者更重要（Freud, 2005; McLuhan, 1951; Colaiacomo, 2011）。事实上，这些细节非常突出，以至于服装本身成为它们的背景，服装变成了这些配饰物品的表演舞台。换句话说，它们对叠加的外观至关重要，它们在修辞学中被称为"转喻"——既是作为整体的重要组成部分，也是为了体现整体的核心部分。

就服装而言，观者产生了一种新的"和谐"的整体感——如果我们想用这样一个浮夸的词，就时尚而言，这是一个古老的概念——那往往是因为这些"小"物品最终获得了一种将它们转化为事件的意义。意大利符号学家奥马尔·卡拉布雷斯（Omar Calabrese, 1992）解释，"detail"（细节）来自法语"detailler"，意思是"碎模块"——不同于随机断裂的碎片。细节预设了以下两类人，其中一类是设计师、造型师，他们设计制作、绘制细节，以具有个性或独一无二的方式来创造它们；另一类是观者，他们凝视、观察细节，在视觉上或心理上使它们与周遭保持距离。正如法国艺术史学家丹尼尔·阿拉斯（Daniel Arasse, 1992）所说，"细节可能会给整个图像带来超越本质的意义"。尤其是在经济危机时期，当需要一种新的美学来解释和证明对新类型的美的寻求时，这些细节远非平庸，而是最有意义的部分。

这正是雅克·德里达（Jacques Derrida, 1987）在其关于"parerga"（附属物）[2]的文章中所坚持的："附属物是指在适当的领域之外一些额外的、外在的独立物……但其超然的外观可以发挥、邻接、涂抹、摩擦、压过自身的极限，并且只在它自身缺乏的范围在内部进行干预。"这才是最重要的，细节是

1.在《牛津英语词典》中，"feature"（特征）是"某事物的一个独特属性或方面"。
2.即伊曼努尔·康德（Immanuel Kant）在他的《判断力批判》（Critique of Judgment）中所讨论的装饰和修饰。

在缺少某些东西的时候被调用的。因此，当衣服或身体，或者二者都有缺陷时，这些衣物的细节是来协调补充的。细节远非多余，而是必不可少的。

不仅如此，今天人们倾向于在整体上优先考虑细节，这就是卡拉布雷斯定义的新巴洛克，重塑了17世纪欧洲艺术中盛行的风格和热情。这是一种在结构和形式上都包括生活方式和存在方式的趋势，其特征是不稳定、多维度和可变性，川久保玲的创造就可以作为一个恰当的例子。然而，这难道不是时尚的本质吗？一个半世纪前，查尔斯·波德莱尔（Charles Baudelaire, 1995）不就曾宣称时尚是由"短暂的、边缘的、偶然的"元素组成的吗？而且，这不就是沃尔特·本杰明（Walter Benjamin, 1999）"永恒……与其说是某种想法，不如说是一件衣服上的首饰"所暗示的意思吗？实际上，为了给服装一种创新的视觉外观，这些细节不仅可能会无休止地变化，而且，随着它们的重要性日益增加，最终它们会显得烦琐而多余。今天，在让·波德里亚（Jean Baudrillard, 1988）所定义的图像文明中，当首饰不再需要使用贵金属和宝石，而用更廉价、更容易获得的材料代替，配饰作为时尚细节的预期效果是令人惊讶的、壮观的。换句话说，这些细节体现了一种象征的含义：象征的表现过程（对于设计者和佩戴者）和感知过程（对于观者）。

这就是它们如此具有启发性的原因：无论它们的成本如何，作为其他事物的表现和象征，它们总是具有显著价值，这也是玛莎·班塔（Martha Banta, 2011）所说的人们的"内心冲动"。

举一些在艺术、电影和文学中珠宝首饰或配饰物品的例子。除了审美功能以外，传统上的珠宝首饰还代表着财富和地位。如安哥挪罗·布隆齐诺（Agnolo Bronzino）的"托莱多的埃莉诺与其儿子"（Eleanor of Toledo with her son）的画像，或19世纪末乔瓦尼·博尔迪尼（Giovanni Boldini）和约翰·辛格·萨金特（John Singer Sargent）等画家所描绘的富有魅力的女性画像。

比利·怀尔德（Billy Wilder）1954年的电影《龙凤配》（*Sabrina*），由奥黛丽·赫本（Audrey Hepburn）主演，讲述了一个现代灰姑娘的故事。萨布丽娜

(Sabrina) 是司机的女儿，她在巴黎学习了两年法式料理，当她离开光明之城回家时，她穿着的服装细节展现了她是如何从一个天真的女孩成长为一个成熟精致的女人：离开家时她还扎着马尾，而回来时她在短卷发上戴了一顶贴身的帽子，耳朵上戴着金环耳环。如果没有用螺钉或耳夹固定，耳环是一种需要身体受伤才能佩戴的首饰 (Giorcelli, 2015)。耳环插入佩戴者的身体，并成为佩戴者身体的一部分，由此，耳环有着特殊的成人意义。而且因为耳环靠近面部，它们会受到更多的视觉关注。在过去的几个世纪里，男性也会佩戴环型耳环，水手、古波斯人、文艺复兴时期的文学艺术家等，如威廉·莎士比亚 (William Shakespeare) 和约翰·多恩 (John Donne)，这种耳环意在暗示佩戴者的坚强个性。对女性来说，环型耳环一直是吉卜赛人佩戴的，传统上，它们与放荡的行为联系在一起，有被蔑视的意味。萨布丽娜的情况肯定不是这样的，在1950年代的美国，好莱坞电影的审查制度是很严格的。然而，除了刻画她那精致的角色外，这些耳环（和配饰）毫不含糊地表明了，在巴黎生活的萨布丽娜不仅仅学会了料理方法。正如她本人所说，在那里她也学会了如何生活，这包括性在内的所有可能的内容。而且，为了说明她变得精致，并且不再对自己和自己的地位感到害羞和缺乏安全感，萨布丽娜决心通过各种方式吸引人们对她的注意力——她牵着一只佩戴首饰的法国贵宾犬四处炫耀。当时最时尚的玩偶模特——芭比娃娃，在1959年就配备了一只由镶有首饰的狗绳牵着的或佩戴首饰的贵宾犬，这表明这种装扮是时尚潮流和魅力成熟的象征。

动物，尤其是佩戴珠宝的动物，传统上是象征上层女性的宠物。看看卡地亚首饰中的豹子图案就知道了，这种稀有的猫科动物成为坚强和富有女性的奢侈化象征，比如备受争议的温莎公爵夫人沃利斯·辛普森 (Wallis Simpson)。贵宾犬和狻犬也不是凶猛的狗，但是代表着某种特殊的信号。如在菲茨杰拉德 (Fitzgerald, 1925) 的《了不起的盖茨比》(The Great Gatsby) 中，乔治·威尔森 (George Wilson) 的妻子默特尔 (Myrtle) 要求她的情人汤姆·布坎南 (Tom Buchanan) 给她买一只拴着镶有人造钻石的狗绳的狻犬时，我们就知道问题已经迫在眉睫了。就像萨布丽娜会做的那样，在默特尔试图挤入上流社会的过程中，她想带着她那戴着人造钻石的狗在纽约四处交际，就好像她已经是社会名流的一员一样。然而，正是这条昂贵的狗绳让她的丈夫乔治意识到妻子对他的不忠，因此，灾难降临了，汤姆的妻子黛西在车祸中杀死了默特尔，乔治杀死了杰伊·盖茨比 (Jay Gatsby) ——在汤姆的误导下，乔治认为是盖茨比是默特尔的情人，是盖茨比杀了默特尔。

另一种经常出现在文学和电影作品中的首饰是珍珠项链，是希腊时代以来爱情、婚姻和高贵的象征。珍珠是光泽、纯洁、完美圆形的缩影，因此也是美丽的象征：神话中说美神维纳斯就是从贝壳中诞生的。在古代，珍珠被认为是天地结合的产物，公元前1世纪，老普林尼 (Pliny) 在他的《自然史》（*Natural History*) 中写道，当牡蛎在天亮前浮出海面，打开贝壳，吞下来自太阳、月亮和星星的露水时，珍珠就诞生了。现实恰恰相反，18世纪瑞典生物学家卡尔·林奈斯 (Carl Linnaeus) 发现，珍珠是牡蛎贝壳"疾病"的产物，是贝类受到外界物刺激后产生的分泌物的结果。在西方世界，珍珠的文化也往往充满了某种神秘的预兆，即可能是积极的，也可能是消极的。

在那部美国经典文学作品——纳撒尼尔·霍桑 (Nathaniel Hawthorne, 1850) 的《红字》(*The Scarlet Letter*) 中，海丝特·白兰 (Hester Prynne) 因非法关系而出生的女儿并非偶然地被取名为珍珠。亨利·詹姆斯 (Henry James) 的中篇小说《黛西·米勒》(*Daisy Miller*) 中的主人公和《鸽翼》(*The Wings of the Dove*) 中的米莉·泰勒 (Milly Theale) 都注定英年早逝——她们都在剧中佩戴着珍珠项链。伊迪丝·沃顿 (Edith Wharton) 写的《欢乐之家》(*House of Mirth*) 中悲剧女主角莉莉·巴特 (Lily Bart) 也是如此，她窘迫地生活在一个富人的世界，为了保持形象，她会炫耀一个挂在长长珍珠链上的金烟盒，最终她也因贫穷和被忽视而早逝。此外，回到菲茨杰拉德的杰作《了不起的盖茨比》，汤姆·布坎南在婚礼的前一天送给他妻子黛西一串珍珠项链，黛西在收到盖茨比的来信的那个晚上将它扔进了废纸篓。虽然珍珠很珍贵，但他们的婚姻并不珍贵，正如叙述者尼克·卡拉威 (Nick Carraway) 所解读的那样，是共谋而不是爱情让这对"粗心大意"的夫妇走到了一起。在小说的最后，当尼克看到汤姆走进一家首饰店时，他认为汤姆很可能是去那里给自己买了一对袖扣，或者给黛西买了另一条珍珠项链，以最终封印他们的交易。同样，在菲茨杰拉德的《温柔的夜晚》(*Tender is the Night*) 的开头，

206

妮可·戴弗 (Nicole Diver) 被描述为是"一个躺在伞下的年轻女子……脱下她红橘相间的泳衣,她的肩膀和后背在一串乳白珍珠衬托下,在阳光下闪闪发光"。妮可和她的珍珠有着如此紧密的联系,以至于在小说中,她不止一次被称为"珍珠中的女人",尽管她没有英年早逝,但她的人生也饱经风雨,幼年她是父亲乱伦欲望的受害者,长大后她与迪克·戴弗 (Dick Diver) ³的婚姻最终以离婚告终。

在1920年代,可可·香奈儿女士的设计让看似随意佩戴的多条珍珠长项链成为时尚,项链由胶木、人造宝石、人造珍珠、合金等非珍贵材料制成。除了以其形状、颜色和设计吸引观者的注意力外,这些项链还修饰了当时女性引以为傲的较扁平的胸部形状。

从1940年代开始,也是由于富兰克林·罗斯福 (Franklin D.Roosevelt) 的"好邻居"政策 (Good Neighbor),葡萄牙出生的巴西女演员、歌手和舞蹈家卡门·米兰达 (Carmen Miranda) 把大量非宝石和贵金属材料制成的项链带到百老汇和好莱坞,带到了国际舞台上。她坦率地宣称,她的成功有一半归功于她的首饰:印满异国水果或羽毛的彩色头巾、硕大的戒指和手镯、镶有人造宝石的15厘米高的厚底鞋,以及大量被称为"balangandans"的项链。对她而言,与其说她是受香奈儿的启发,不如说是受巴西东北部巴伊亚州妇女时尚装扮的启发,她们的配饰深受非洲的影响。"balangandans"最初是由各种各样的材料制成的,从天主教金属十字架到动物牙齿,到装羊血的皮革口袋,再到热带水果和草药,其主要是在融合宗教的庆祝活动中穿着。最夸张的一次,米兰达戴了由不同形状和材料的珠子设计成的20串项链。随后,"balangandans"项链变得如此有名,美国的利奥玻璃公司此后专门制作加工这种项链。在西方,米兰达代表了巴西女性的刻板印象:易冲动、好斗、不理智、过度修饰——换言之,可以理解为充满异国情调。虽然她失去了巴西的公众,他们认为她物化并歪曲了巴西人的审美,但她的项链在今天仍在销售。因此,这样的细节不仅具有意义和价值,而且还能传达出一个时期丰富多彩的时尚变迁历史。

---

3. 戴弗的姓氏Diver很容易使人联想到珍珠潜水员。

1

2

3

4

1. 《存在的习惯·为身体配饰》封面
   来源: 明尼苏达大学出版社
2. 《存在的习惯·奢华》封面
   来源: 明尼苏达大学出版社
3. 安哥挪罗·布隆齐诺, 托莱多的埃莉诺与其儿子
   来源: 佛罗伦萨, 乌菲齐画廊
4. 乔瓦尼·博尔迪尼, 约瑟夫纳·弗吉尼亚·阿尔瓦尔画像
   来源: 布宜诺斯艾利斯, 国家装饰艺术博物馆

约翰·辛格·萨金特, 伊莎贝拉·斯图尔特·加德纳画像
来源: 波士顿, 伊莎贝拉·斯图尔特·加德纳博物馆

配饰在服装主题下的必要性: 以文学和电影作品为例

参考文献

ARASSE D, 1992. Le Detail. Paris: Flammarion: 23.

BANTA M, 2011. Coco, Zelda, Sara, Daisy, and Nicole: accessories for new ways of being a woman// GIORCELLI C, RABINOWITZ P. Accessorizing the body: habits of being I. Minneapolis: University of Minnesota Press: 82-107.

BARTHES R, 1990. The fashion system. WARD M, HOWARD R, trans. Berkeley: University of California Press.

BAUDELAIRE C, 1995. The painter of modern life and other essay. MAYNE J, trans. London: Phaidon Press: 30.

BAUDRILLARD J, 1988. Simulacra and simulation: selected writings. POSTER M, trans. Stanford: Stanford University Press.

BENJAMIN W, 1999. The arcades project. EILAND H, MCLAUGHLIN K, trans. London: The Belknap Press of Harvard University Press: 69.

BERRY S, 2000. Screen style: fashion and femininity in 1930's Hollywood. Minneapolis: University of Minnesota Press.

CALABRESE O, 1992. Neo-Baroque: a sign of the times. Lambert C trans. Princeton: Princeton University Press.

COLAIACOMO P, 2011. Fashion's model bodies//GIORCELLI C, RABINOWITZ P. Accessorizing the body: habits of being I. Minneapolis: University of Minnesota Press: 24-32.

DERRIDA J, 1987. The truth in painting. BENNINGTON G, MCLEOD I, trans. Chicago: University of Chicago Press: 55-56.

FITZGERALD F S, 1993. The great Gatsby. Ware: Wordsworth Editions Limited.

FREUD S, 2005. The uncanny. McLintock D, trans. London: Penguin Books.

GIORCELLI C, 2015. Earrings in American literature// GIORCELLI C, RABINOWITZ P. Extravagances: habits of being 4. Minneapolis: University of Minnesota Press: 56-77.

MCLUHAN M, 1951. The mechanical bride: folklore of industrial man. New York: Vanguard.

SILVERMAN K,1986. Fragments of a Fashionable Discourse//Modleski T. Studies in entertainment: critical approaches to mass culture. Bloomington: Indiana University Press: 145.

身体的共性
The Body Common

克里斯蒂娜·卢德克
Christine LÜDEKE
德国普福尔茨海姆应用技术大学教授，未来设计专业硕士专业主任

人的身体，具有社会性和表演性，可以是主体，也可以是客体。

"是身体在述说。"哲学家梅洛-庞蒂（Merleau-Ponty, 2002）因人身体的表现性和互动性的特征，而将其称为社会人意义的源泉。"身体是我们与这个世界沟通的手段，也是我们联系和塑造个人存在的手段。"它超越了人体的生物维度，在定义了"世界"的同时又成为"世界"的一部分。首饰和服装对人体的直接影响增强了我们与周围环境和他人之间的关系。它与我们自身的存在感直接相关——一种我们通过身体和心理交流的情境而获得的自我认知。穿着就是这样的存在。

劳拉·斯塔雄 (Laura Stachon)，"介于两者之间" (In Between)，2018
摄影：劳拉·斯塔雄

广义上的服装和首饰都塑造出了一个人的形象框架，穿戴者在其中可以向自己或向他人投射出他们是谁——也许更重要的是，他们想成为谁。与此同时，我们与世界的互动通常是由对世界的认知所形成的，并且它是我们通过身体感官体验到的固有世界——真实的（如对物质的依赖）和虚拟的（如对幻想和未来的畅想）。

一旦我们感知并创造了某种物品，我们就会赋予它意义和价值。"艺术的精神内涵是不会复制可见的东西，而是使其可见。"（Klee, 1920）克莱恩的见解同样适用于"创造"的基本概念。这是一个需要持续不断努力的过程，挖掘物体存在的核心能量，而当物质和形式帮助我们与感知的物理性联系起来时，被创造的物品就已经超越了它自身的物理存在。

也正是事物的物理属性常常导致工艺被误解,它常常被等同于对材料的技术处理,这通常还伴随着过多的对传统的偏执。当然,这种认知不一定是坏的,这是一种辩证的尝试,用海德格尔 (Heidegger) 的话来说,在这种尝试中,理解主体和被理解的客体的内在联系是相互作用和投射的。在这种情况下,可以得出这样的结论,即赋予物质意义是创造新事物的驱动力,这有助于我们理解事物的存在和意义,将物质性与非物质性联系起来,将社会文化与特定个体现实联系起来。

手势在人的姿态的语境里具有重要象征意义,可以将非视觉的东西手势化(即具象化) (Loschek, 2008)。手势始于头脑,指向身体,然后被放大或转换成一个具体的语言逻辑。由经验和情感形成的知识,可以通过真实和可感知的视觉形式,形成手势的信号,随后与身体相互作用,通知身体做出相应的动作和表达。正如人的姿势和动作所展现的象征意义,这种交互本身就可以像手势一样被符号化了。时尚和首饰同样是一种"手势",其象征性指的是与身体相关的非语言的修辞和交流,与身体相关的符号也间接产生了。其中一个有趣的例子是科妮莉亚·帕克 (Cornelia Parker) 的结婚戒指——客厅的周长 (Circumference of a Living Room),利用黄金的延展性,她将两枚结婚戒指拉成一根金属丝,相当于客厅的周长。身体脱离了它的可穿戴对象,通过描述客厅来暗示两人相关联的语境,或者通过将意义转移到物质 (金线) 而象征婚姻的限制。这件作品"结婚戒指"映射出对婚姻的另一种解释,反映了对婚姻和伴侣关系社会结构的不同看法。

同时发生在身体上和从身体中抽象出来的概念与意向,在特定作品语境中被放大。海伦·查德威克 (Helen Chadwick) 的作品体现了这一理念,她收集了一些她生命的特定时刻所捕捉到的身体留下的痕迹,并把它们记录在那些意义重大的特定抽象物体上。她的创作是发自内心的,探索过去、记忆、空间和现在。这种隐喻赋予身体、形状和轮廓以意义,并通过他们的相互作用参与到其中。

从首饰的物理存在 (被佩戴) 来看,首饰的一个关键意义是它与人体会不断发生关系——既有实体也有隐喻的存在。正是通过这种关系,人将意义赋予物体。佩戴的行为将佩戴者与创造者和观察者联系了起来，每个人都由"首饰"展现出他们各自的投射。毋庸置疑，时尚也可以直接穿在身上，但就其本质而言，时尚通过服装和配饰等能够与人体融为一体，这使得很难区分原有的身体和被服饰包裹的"时尚的身体"。时尚凝聚并映射出一种文化的历史性变化和个人理解，因此它是定义和定位身体及其与周围环境和世界关系的重要媒介。

有趣的是，尽管首饰和时尚的关系，在首饰与身体这样的个体和主体关系上有相似之处，但不同的是时尚是一个概念而非有形，而身体是有形的物体。在"首饰与时尚的渗透"（Jewelry versus Fashion Infiltration）工作坊中，来自普福尔茨海姆应用技术大学、中央圣马丁学院和米兰理工大学的学生们开始重新思考首饰的角色和地位，并对这种颠覆探索十分感兴趣。他们通过设计提问，比如"首饰能重新定义身体和时尚之间的关系吗？"或者"首饰和时尚可以相互影响吗？"通过这一系列的设计探索，他们提出了首饰与身体的新关系，从而使身体的概念得以扩展，新的视角不仅体现在首饰和时尚的相互作用上，还影响了我们对首饰和时尚的认知。

词源为我们提供了另一种方法来理解在塑造概念中的身体。动词"to fashion"，改变了"时尚"（fashion）的词性，意思是使用手或想象力创造某物[1]。这个定义描述了字面上和隐喻上的改变事物本身样子的能力。"工艺"（craft）一词在英文中既是名词又是动词，它将材料和制作联系在一起，同时又代表一种手段。首饰对身体的价值就变得更加丰富，因为它既是指名词"工艺"（是承载者，同时也是塑造时尚和首饰的手段），又是动词"制作"，我们创造了物品，同时这些物品又寓意了我们。

对佩戴者来说，物体的触感非常影响佩戴的体验。佩戴者以直接的方式——佩戴首饰，通过自己的身体对首饰的概念进行延伸——和设计师或制作者一起定义了首饰，身体会受首饰的影响，反之亦然。在定义首饰和工艺时，在结果和决定其存在过程的主观性之间，存在一种整体的共生关系，这延伸到

身体的共性

1. 详见 https://dictionary.cambridge.org/de/，acessed 9/12/2018。

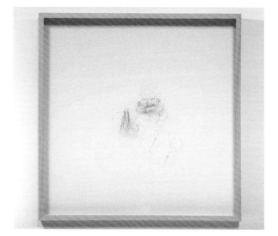

1

2

1.科妮莉亚·帕克，客厅的周长，1996
2.海伦·查德威克，自我几何综合 (Ego Geometria Sum)，劳动力LX (The Labors IX)，1983—1986
　摄影：马克·皮尔金顿 (Mark Pilkington)

创作本身，以及工艺在创意和思想发展中所发挥的积极作用。根据梅洛-庞蒂（Merleau-Ponty, 2002）的说法，"知识掌握在手中，只有在付出体力劳动时才能获得，不能脱离这种努力而凭空形成"。这反映了手工艺的传统价值：通过手工体验的学习，通过大量重复的、敏感的和经验性的工作来学习和掌握材料技术手段，从而获得知识或衍生新的知识。

手工艺是我们人类开始造物和改变世界的原始手段。在古希腊，用来形容从业者技能的单词是"tekhnethe"，源自tasha（斧头）、taksan（木匠）和taksati（制造者）。"texere"（编织）也来自相同的词根（Tim, 2010）。手工艺品的独特性源于创造者通过制作传递给材料的情感，以及所有者通过拥有和使用而传递给工艺品的情感。制作是所有手工艺实践的核心，是通过将具体知识与技术手段相结合，并注入想象力与思想而获得的。克里斯托弗·博拉斯（Christopher Bollas）的"未知想法的直觉"这一概念，可以解释手

4

3

5

3. 莫里兹·拉施 (Moritz Rasch)，
   C6H11NO, 2014
   摄影：佩特拉·雅施克 (Petra Jaschke)
4. 西尔维亚·施罗克 (Silvia Schröck)，
   渗透 (Infiltration)，2014
   摄影：扬·凯勒 (Jan Keller)
5. 杨朴园，2014
   摄影：佩特拉·雅施克 (Petra Jaschke)

工艺有意识地获取技术知识与直观地通过触摸而习得材料特性的平衡关系（Philpott, 2012）。手工艺的过程中产生的身体记忆是无法通过口头语言构造起来的，它只能通过行为和感受来表达，这些行为有助于我们创造和解释客观世界物体的存在。

在生活中，人们总是自觉或不自觉地习得物质的深度触觉体验，伴随着一生中潜移默化或有意识地发展进而被我们所掌握。触觉是手工艺的关键，也是对人感性的认知，在意识和潜意识层面都能发挥重要作用。触觉体验基于触觉的物理感觉，这种感觉可能是模棱两可的、主观的，并且可以有各种解释，它与我们自己和我们周围的物质世界形成了直接的联系，在潜意识层面起着确认"我存在"的作用。而手工艺品指的就是这种引发物质和精神的显隐形式，人类和非人类之间的，知识、工具和触觉之间的直接交换和有意互动。

"工匠渴望看到金属能做什么，而不是科学家渴望知道金属是什么，这使得工匠们能够辨别金属中的生命力，从而最终更有效地塑造材料。"（Bamford, 2016）除此之外，这也成为手工艺作品特征的决定性因素。"不仅是作为'手工艺'的工艺定义了当代工匠精神，工艺也作为重要手段赋予制造商掌控技术的能力。"（Dormer, 2015）知识不仅来自学习，也来自实践。

随着数字技术的发展，大脑活动、思维信息以及其他无形的能量可以变得"真实"——技术可以将它们转化为可认知的视觉体验。而在数字技术出现之前，这样的"现实"不能被人类感知，甚至无法解释。因此，"造物并以一种具象和物化的形式表达自己的思维，显然超越了仅仅通过思维行为来定义的抽象思维。"（Burckhardt, 1997）对思维的这种认识，再加上数字技术的普及和创客实验室的出现，有助于理解材料的创新应用，并且将数字技术应用于手工制作的范畴。

伴随着当前手工艺的复兴和语义的演变，加之近年来互联网技术的迅速发展。互联网促进了陌生人之间的交流，实现了技能的同步发展，而不是传统的线性发展和并行进化，其通过在现实和非现实的感知中不可察觉的作用，从中发现新的可能，进而又促进了对技术应用的新场景和新探索。事实上，信息的无实体传播，恰恰是通过其传播本质来创造性地理解和发展出新的思想。

弗里达·多佛 (Frieda Dörfer)，恐怖真空 (Terror Vacui)，2013
摄影：佩特拉·雅施克 (Petra Jaschke)

由于所有工具和技术都有鲜明的特征，他们都会留下痕迹——迄今为止，没有一种技术具备完美的匿名性，而脱离旧技术开发新的形式语言或材料也是不可能的。因此，随着在处理新技术方面愈发成熟，我们开始扩大它们的使用范围，不仅将它们作为一种直接的替代工具，而是发现和探索新技术基因中的新功能。数字空间跟随我们一起移动，而物理空间则相反，数字技术还具有通过连接不同领域来交换大量信息的能力。艺术家所感知到的压力、温度、张力、空间位置、痛觉等触觉会随着时间的推移进行重新处理，不同的感知将结合、混合、强化和减弱，产生未知和不确定的演变，表达为变化的密度、颜色、节奏和强度，这远远超出了视觉和听觉、视觉和触觉、嗅觉和味觉之间的对应关系。与此过程相似，新技术的整合过程不是一个连续的线性过程，而是一个重叠的并发现象，社会正在重新定义技术，同时又在不断扩展它们。尽管这需要预判数字技术的发展及其对我们生活的影响，并进行更具辨别力的分析，但它也包含了对技术的创造性理解和探索，这是其自身所固有的能力，而不仅仅是作为现有技术的延伸或发展。从根本上说，数字技术意味着在无形和有形之间、在抽象解码和具象行为之间建立理解和沟通的桥梁。首饰也是有着同样的角色特征。

当我们了解到新技术可以做什么时，我们还需理解其在技术之外的潜力，探讨技术在尊重身体和物体之间的相互关系。我们不仅需要改变使用新技术的

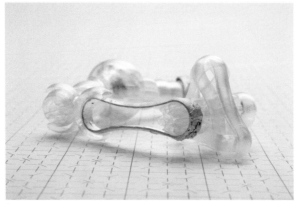

1

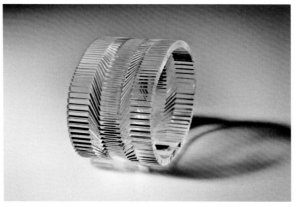

2

3

1.马克·林珀 (Marc Limper)，计时 (Chronüp)，2016
　摄影：伊索尔德·戈德勒 (Isolde Golderer)

2.珍妮卡·斯洛维克 (Janika Slowik)，21克 (21 grams)，2017
　摄影：佩特拉·雅施克 (Petra Jaschke)

3.内里·奥克斯曼 (Neri Oxman)，腕部皮肤 (Carpal Skin)
　摄影：媒体实验室 (Media Lab)

方式，还要改变我们对工艺的定位和理解的语境，进而改变我们对设计的认知。例如，3D打印已经取代了它原本作为生产过程中间步骤的角色，不断拓展其在新材料领域的发展，探索其在人体与物体之间的相互作用。生物材料的发展与数字技术的进步密不可分，这也给人体与首饰—时尚带来了新的发展潜力。在不断发展的物质性和技术概念中，对工艺原理的专注和情感也增强了我们对自己的理解。

不管工具的变化或制作的过程如何，手工艺是由其意图来定义的——关注结果及相关性，关注人的体验，这是手工艺的重要性所在，也是数字工艺无法比拟的部分。

通过手工艺的创造扩大、重复、延伸、抽象和物化看不见的东西——我们可以判断人与物彼此之间的关系、人与周围环境的关系。首饰的制作和佩戴是一个人思想的放大，是一个人放大了作为人类的身体和非物质精神投射的场域。越抽象则越具体，越集中则越能详述。

身体提供了首饰和时尚的场域，身体就是语境——这就是身体的共性。

参考文献

BAMFORD R, 2016. Accident, determinism and hermeneutics: relationships between analogue and digital fabrication. Making Futures, 4(1): 1-6.

BURCKHARDT M, 1997. Metamorphosen von raum und zeit: eine geschichte der wahrnehmung. Frankfurt am Main: Campus Verlag.

DORMER P, 2015. The culture of craft: status and future. Manchester: Manchester University Press.

KLEE P. Schöpferische konfession//EDSCHMID K. Tribune der kunst und zeit. Berlin: Reiss: 28-40.

LOSCHEK I, 2008. Von der geste zum ritual in der mode//BARA T, D'URBANO A. Eine Frage (nach) der Geste. Salzburg: Fotohof Editions.

MERLEAU-PONTY M, 2002. The Phenomenology of perception.Smith C, trans. London: Routledge.

PHILPOTT R, 2012. Crafting innovation: the intersection of craft and technology in the production of contemporary textiles. Craft Research, 3(1): 53-74.

TIM I, 2010. The textility of making. Cambridge Journal of Economics, 1: 91-102.

CHAPTER

3

BELONGING & INTERDISCIPLINARY
Sustainability and New Technology

归属与学科交叉
可持续化与新技术

介绍
Introduction

科学与技术的变革对设计和时尚的影响是深刻的，技术解放了时尚设计的表现手段，丰富了它的质量、传播速度与维度。可持续化的主题更是当代设计与时尚探讨的焦点之一。可持续化设计作为设计学的理论之一，其包含了从环境、经济、社会、文化四个方面对设计和实践的思考，尝试通过巧妙、敏感的设计与方法尽可能减少人类活动对环境的负面影响。可持续的时尚与设计很多时候是需要科技的发展作为支撑的。设计的过程本身就是一个创造性的过程，其多样的内容也提供了很多方法与定义，作为诠释和研究社会与人的方法之一，设计超越了只是美学和表象的形式。现代设计作为设计的早期阶段就已经证实了它作为社会发展的重要手段，某种程度也是代言未来的一种价值评判标准。因此，重要的是如何巧妙地创建一个设计的对象，它可以单纯只是某种需要，如：自我表达的需要，或者生活功能的需要，再或者是可持续化发展的需要，无论是阶层、社会或经济等方面的需求，每一种需要所创建的设计方法是不同的。当然，这里还有另一种需要——设计师和艺术家往往比社会学家更加敏感和强烈，他们用设计来对社会的发展进行反馈。英国时装设计师斯特拉·麦卡特尼在2019年在同济设计周上与我的圆桌对话中，她就特别强调了自己从创建品牌之初便把可持续化时尚作为其设计的核心理念，无论是材料还是工艺流程，可持续化时尚不仅是一个概念与主题，更是一个系统性的思考与生活方式。开云集团（Kering）从2016年开始变着手研发"创新奢侈品实验室"的应用程序，其中的"环境损益表"（EP&L）能够为设计师甚至整个时尚产业提供一个可视化的模型，了解产品从原材料生产到销售环节对环境的影响。一方面，它为设计和研发团队的创作提供了一个崭新的视角，将可持续发展真正融入整个设计过程中。另一方面，它也为开云集团提供了一个全球范围内精确的环境评估，从采购、原材料加工再到门店的销售环节，帮助集团制定更优的商业策略，助力颠覆性的创新研发。

本章的四篇文章用不同的角度去探讨科技、可持续化与设计的关系，伊丽莎白·萧博士认为可持续化设计在不同背景下有着不同的含义，她指出人们对技术的两种截然不同的普遍看法。一是技术的兴起和采用是社会进步的必然结果，二是技术进步彻底改变了历史，这种进步"不可避免且不受人为控制"。从平衡和赋权的角度来看，技术改变了我们周围的世界和创造价值的能力，它具有深层社会建构和文化内涵，反映社会价值的存在，影响着我们与周围世界交流的方式以及对彼此的看法。她从环境和文化角度出发，围绕新技术及其应用的影响探讨可持续性。凯瑟琳·桑德的研究主要专注于时尚科技的推测性设计思维和真实世界的服饰触觉体验，分析了生产、零售分销、时尚传播和人衣互动方面的科技创新，尝试探讨如何将增强现实、射频识别技术系统等最新科技创新成果应用于时尚和首饰相关产品的行业中，以创造更可持续的未来。马尔滕·韦斯特格博士专注在技术在首饰领域的应用，根据自己的设计实践，探讨可穿戴首饰的设计与时尚之间的关系。与之相似，琪亚拉·斯卡皮蒂博士将一系列当代首饰的案例作为她的研究对象，其中一些案例甚至来自首饰行业以外的领域（如医药与工程），或数字产品领域以首饰为媒介的横向应用设计，强调了当代艺术、设计和媒体之间的交叉与互动，最后她还给出了科技与学科交叉的价值的哲学视角。

孙捷

Jie SUN

国家特聘专家
同济大学设计创意学院教授

前事不忘，后事之师

Lessons We Should Learn

伊丽莎白·萧
Elizabeth SHAW
澳大利亚格里菲斯大学昆士兰艺术学院副教授，博士

可持续性在不同的背景下有着不同的含义。我意识到我对可持续化设计的理解随着时间的推移也在发生变化，现在仍然如此。在本文中，我将从环境和文化的角度出发，围绕新技术及其应用的影响探讨相关的可持续性问题。我将从对新技术的讨论来探索其对社会产生的影响力。

首饰在人类社会发展中扮演着重要的角色，它们不仅仅丰富了我们的社会生活。作为一名从事首饰领域教学和研究的学者，我的研究重点是佩戴在身体上的首饰和与身体相关的物件，这些都是人类社会特有的一部分。有的考古学家称首饰为"便携式艺术"（portable art），我喜欢这个概念，他们研究古代首饰和个人物品来揭示关于个人和当时历史社会的信息，很明显他们认识到一件首饰和个人物品可以传达的信息及其含义是非同寻常的。

手
来源: 萨宾·范·埃尔普 (Sabine van Erp)

人们给佩戴的首饰注入情感和故事色彩。反过来，我们将人们佩戴的首饰和他们个人的物品视为他们存在的一部分，也是他们个人故事的一部分。已故爱人的戒指或杯子，可以探究与所关联的人所形成的联系，这与戒指或杯子是手工制造的还是机器制造的无关。这一观察结果与我最早完成学生时代所持的观点相反。当时的教育以及19世纪末"工艺美术运动"（Arts and Crafts Movement）思潮对我的影响，让我认可威廉·莫里斯（William Morris）的理论。从本质上说，我大学毕业时坚信手工艺品在是可以代表个人艺术成就的，批量生产的产品不可避免地抹杀了个人化和艺术性，但是，后来我的想法发生了很大的变化。我发现早期研究中涉及的文本和思想过大程度上受到了几个世纪前英国工业革命的历史影响。

工业化的兴起

18世纪英国工业化的兴起是后来被称为"工业革命"的开始。当时的"新技术"彻底改变了产品制造的方式和数量。这一事件的影响在全世界回荡,导致国际贸易、世界经济发生了天翻地覆的变化,英国和全球许多国家、地区的文化与社会传统也随之发生了变化。我要提到的观点或许是片面的,但正是这些观点是影响了我思考的内核。

随着时间的推移,新技术意味着生产能力大大提高,生产成本下降,因此商品的价格逐渐降低,更多人能够负担得起那些产品。这种情况并不是立即发生的,其利益也并未在地方上或国际上获得平均分配。产量的增加还使制造企业的所有者能够扩大市场,进而增加利润。工业生产工具在将工人从"卑微艰巨"的手工工作中解放出来的同时,也让人们对产品制造失去了传统的关注和理解。事实上,工业时代的产品制造就是匿名的。

并非每个英国人都接受新技术的介入。从1811年到1812年,一群被称为路德派(Luddites)的工人"向雇主发出恐吓信,并闯入工厂摧毁新机器",他们希望"摆脱造成工人失业的新机器"。其中包括不想引进"动力织布机"的手工织布工,他们的抗议的是"坚决反对他们认为会让他们的生活变得更糟的改革"[1]。我注意到,失业不仅限于英国的工人,印度的一些织布工也因为英国的工业织机而失业,因此,曾经是世界主要纺织品出口的印度,后来变成了英国纺织品的进口国[2]。

在英国,一种反对工业化的不那么激进的形式是"工艺美术运动",其中设计师威廉·莫里斯(William Morris)是19世纪的关键人物。莫里斯提倡手工制品的艺术与人文品质,认为其价值源于熟练的人类制造者,而机器制造的制品不可避免地缺乏这些品质。这与莫里斯所处时代的"工业进步"焦点无关[3]。

刘易斯·芒福德(Lewis Mumford)是著名的美国历史学家、社会学家和哲学家,他最初批评"机械化和工业资本主义对社会的影响"(Green, 1995),但在1930年代,他提供了一种替代美国当时流行的观点的思想,即高科技和机械化工业是"有机人类文化"的敌人。他写道:"我们超越机器的能力取决于我们同化机器的能力。除非我们吸取了客观性、非人格性、中立性以及机械领域的教训，否则我们就无法朝着更丰富的有机性和更深刻的人性发展，而最终可能被机器降伏。"（Mumford, 1934）

如前文所述，莫里斯和"工艺美术运动"的理念在我早期的教育中占据了重要地位。这使我的注意力集中在手工制品的价值和重要性上，但是在我的现实生活中，批量生产的机器制造产品的主导地位和普遍性一直很明显。

时尚的革命

2013年，孟加拉国拉纳广场（Rana Plaza）工厂的倒塌成为国际新闻的头条。倒塌的工厂、伤者和死者的图像震撼了世界各地的人们，即使在另一个国家发生的可怕事件也不容被忽视。受害者是一家服装厂的工人，这个工厂是为外国公司制造服装的，事件发生后一个非同寻常的发现是，他们生产的许多服装都是为国际奢侈品牌制造的，顿时很多品牌的消费者声称他们竟然不知道拉纳广场就是那些名牌的生产地。随后的媒体审查表明，时尚供应链是错综复杂而且缠结不清的协作网络，并建议行业能够提高产品生产的透明度。

工业革命期间引入的支持大规模生产的技术创新更是加快了产品的生产速度，也有助于将制造业从人们共同的视野和理解中模糊掉。世界上大多数商品的制造者已经变得匿名，拉纳广场的灾难让国际社会注意到制造过程中这种匿名性和隐蔽性带来的丑陋一面。作为回应，"全球时尚革命运动"应运而生。

第一届"时尚革命周"（Fashion Revolution Week）于2014年举行，此后每年4月举行，以纪念拉纳广场的倒塌事件。"我们利用本周来鼓励数以百万计的

1. 详见http://www.nationalarchives.gov.uk/education/politics/g3/。
2. 详见http://www.academia.edu/8119128/Social_sutra_A_platform_for_ethical_textiles_in_partnerships_between_Australia_and_India。
3. 详见https://www.vam.ac.uk/articles/introducing-william-morris。

1

2

1. 2019年时尚革命周"保持约定"(Save the Date)
来源：http://www.fashionrevolution.org

2. 《时尚革命消费者调查报告》(Fashion Revolution Consumer Report)
来源：http://www.fashionrevolution.org

人询问品牌'谁制造了我的衣服'，并要求时尚供应链具有更高的透明度。"随着社交媒体的普及4，该运动的影响力每年都在持续增长，持续提供定期更新、清晰编辑的报告以及供教育工作者使用的文件，鼓励大众参与其中，这是时尚革命不断壮大其受众的一些方式。

2018年的《时尚革命消费者调查报告》是正面积极的，但又发人深省的，它也表明了在提高广泛的认识方面还有很多工作要做。时尚革命的联合创始人奥索拉·德·卡斯特罗（Orsola de Castro）在2013年的一次采访中说，"这种转变是朝着积极方向的变化，而变革本身是需要时间的，也充满挑战性。这不会在一夜之间发生，我们在此过程中仍在应对阻力、怀疑和信息缺失。"5

2018年的《时尚革命消费者调查报告》对来自欧洲5个最大的时尚市场（德国、英国、法国、意大利和西班牙）的5000名年龄在16岁至75岁之间的人群进行了调查。其指出，"调查问题旨在与下列联合国可持续发展目标相关联：

1、在世界各地消除一切形式的贫穷。

5、实现性别平等，保障所有妇女和女孩的权利。

8、促进持久、包容性和可持续经济增长，促进充分的生产性就业，保障人人有体面的工作。

12、采用可持续的消费和生产模式。

13、采取紧急行动应对气候变化及其影响。"

调查结果显示，"大多数接受'调查'的人认为，时尚制造业和产业需要重视对全球贫困（84%）、气候变化（85%）、环境保护（88%）和性别不平等（77%）等问题的应对方式，以减少对世界与社会的负面影响。"

时尚革命收集并分享各种相关信息和故事，以激发和鼓励国际上的倡议。受时尚革命启发，在过去的三年里，我的学生组织举办了一年一度的"我制造了

---

4. 引自2017年时尚革命周资料册。
5. 详见https://www.fashionrevolution.org/uk-blog/interview-with-orsola-de-castro-co-founder-of-fashion-revolution-day/。

你的首饰"(I Made Your Jewellery) 活动, 在活动中, 他们与公众讨论了他们对技术、工艺、材料的选择, 包括材料的来源, 交流了他们为什么需要了解这些的重要性, 以及他们如何尽量减少浪费。作为首饰设计师, 他们效仿时尚革命, 并将透明制造的要求应用到自己的实践中。"我制造了你的首饰"活动不仅是为了教育他们自己了解所选择的材料和工艺的潜在影响, 还在于为有购买行为的公众进行可持续发展理念的科普。

传统金属工艺协会

供应链和可持续性的传承也是传统金属工艺协会 (Ethical Metalsmiths) 关注的焦点。传统金属工艺协会成立于2004年, 是一个由关注传统金属工艺与首饰制作的买家、艺术家、设计师和供应商组成的组织平台。"(它) 致力于金属工艺与传统首饰行业的各个方面, 着力进行负责任的、对环境无害的实践……"同时, 该组织还致力于"从矿山到市场, 将在全球范围内的人们紧紧联系在一起。"6我是传统金属工艺协会的顾问之一, 同时我也是该委员会的成员。

传统金属工艺协会的一项教育项目是"完全首饰改造"的计划 (Radical Jewellery Makeover, RJM), 该项目挖掘和提醒人们注意到隐藏在家庭中的资源及其再利用的潜力。"这是一个社会个人的首饰资源开采和回收项目。它将首饰设计师聚集在一起, 共同研究资源的利用问题, 同时利用可再生资源制造创新的首饰"7。它还为大学生、首饰设计师和公众提供设计与工艺教育。在RJM实施之前, 他们向更广泛的社群发出了呼吁, 以"挖掘他们的抽屉"。这意味着要求公众对他们的私人物品进行分类, 找到他们不再佩戴或不想要的并且愿意捐赠出来的首饰。他们被告知, 他们捐赠的东西可能会被解构、融化、切割和改变得面目全非, 他们的捐赠将成为制作新作品的材料, 所有捐赠的材料都将被最大化利用, RJM的首饰设计师将接受制造新首饰作品的挑战。创作的作品在展览会上展出, 捐赠者则因捐赠而获得积分, 可以用来购买RJM期间创作的新作品。人们捐赠的东西非比寻常, 我参与了在澳大利亚的两个RJM项目和美国新墨西哥州的一个RJM项目, 在每个项目中, 捐赠的首饰

传统金属工艺协会
来源：http://www.ethicalmetalsmiths.org

都提供了对人们个人私有的物品的洞察。"捐赠的首饰富有感情，有助于就来源、未来思维设计和协作式问题解决方案展开对话和探索。"[8]

这个首饰改造项目的想法可以映射到工业革命对世界的改变，大规模的生产导致无用物品的过剩。但我想表达的是，导致这些问题的不是技术，而是技术应该用于建立在适当且有效的消费主义和可持续化的发展。

我们能学到什么？

作家兼社会评论家露西·约翰斯顿（Lucy Johnston）在她2015年著作的《数字手工制造》（*Digital Handmade*）一书中指出，"第一次工业革命揭示了一种新的秩序，其提炼、加速和规范了制造物品的过程，从而获得了更广泛的利益和消费"，她将此归因于对手工工人角色的弱化，约翰斯顿指出，聚焦于数字技术的新工业革命正在通过支持按需制造的技术，重新激发工人的"技能

---

6. 详见https://www.ethicalmetalsmiths.com/about-us。
7. 详见https://www.radicaljewellrymakeover.org/。
8. 详见https://www.ethicalmetalsmiths.com/about-us。

和视野"。而手工艺术研究者格伦·亚当森 (Glenn Adamson, 2013) 认为工业革命是现代工艺的起源，同时称"工艺是工业化的另一种发明"。

第一次工业革命和新技术革命之间的一个显著区别是，第一次工业革命的重点是实现高效的大规模生产，而这样做的权力掌握在相对少数几个获利丰厚的人手中，而新技术革命带来的相对低廉的生产成本和灵活的生产技术，也可以被个人用于个性化的生产。正如珍·洛伊 (Jen Loy) 教授所指出的，"从某些方面来说，新技术已经悄悄靠近了我们"，她说，"很长时间以来，我们已经将3D打印作为原型技术来使用，而直到最近，技术和材料的发展才允许我们直接制造最终的产品，人们需要什么就可以自己打印 (制造) 什么……如果我们在数字革命的背景下看待3D打印、互联网、数据生成和处理以及更多的数字化发展，新技术使商业实践思维发生了彻底的转变。"*9*

1987年，联合国发表了一份世界环境与发展委员会的报告，其中将可持续发展定义为"既满足当代人的需要，又不对后代人满足其需要的能力构成危害的发展。"*10*现实是，我们不一定有能力知道我们当前的活动将对后代产生什么样的影响。研究人员莎拉·格林斯 (Sarah M Grimes) 和安德鲁·芬伯格 (Andrew Feenberg) 在他们的《2015年技术批判理论》(*Critical Theory of Technology 2015*) 中指出，"大多数技术都是为了在市场上取得成功而设计的，可是，在市场上，除市场以外的其他因素似乎都可以被忽略。"

 2002年，化学家迈克尔·布朗嘉特 (Michael Braungart) 和建筑师威廉·麦克唐纳 (William McDonough) 出版了《从摇篮到摇篮》(*Cradle To Cradle*) 一书，副标题是"重塑我们的生产方式"(*Remaking the Way We Make Things*)。布朗嘉特和麦克唐纳认为，流行口号"减少、重复利用、回收和更新循环"(Reduce, Reuse, Recycle and Upcycling) 指的是将损害降到最低。而他们所探讨的是在工业革命时期仍然占主导地位的生产方式，这种会产生大量的废物，进而产生环境污染的生产方式被他们称之为"从摇篮到坟墓"(Cradle to Grave) ——生产过程中产生废物和污染，而产品本身也在生命周期结束时被填埋，而产品内置的过时和时尚变化导致的过时提高了产品到达生命终点的速度。"从摇篮到摇篮"的生产方式则着眼于产品的整个生命周

海边的垃圾
来源：阿德奇 (Adege)，Pixabay

233

期，从提取到生产、到分销、再到使用，最后返回到原材料，理念的核心是没有什么是被浪费的，没有什么是被"扔掉"的。

搜索"收纳"这一关键词的文章、项目和播客的数量在提升。2016年，全球最大家具零售商之一的宜家家居的可持续发展部门负责人史蒂夫·霍华德 (Steve Howard) 表示，"如果我们放眼全球，在西方，我们的物质可能已经到达顶峰"。而英国环境作家克里斯·古道尔 (Chris Goodall) 等人则表示，我们早在2016年就达到物质制造的顶峰了[11]。回想一下格林斯和芬伯格2015年的声明，"大多数技术都是为了在市场上取得成功而设计的……"有迹象表明，许多被工业发展和大规模生产而不断被忽视的非市场因素，诸如环境成本、生活质量等再也不能被忽视了。

2018年，托马斯·菲尔贝克 (Thomas Philbeck)、尼古拉斯·戴维斯 (Nicholas Davis) 和安妮·玛丽·英格托夫特·拉森 (Anne Marie Engtoft Larsen) 撰写的

9. 详见https://app.griffith.edu.au/sciencesimpact/embrace-thefuture-of-3d-printing/。
10. 详见http://www.un.org/documents/ga/res/42/ares42-187。
11. 详见https://www.theguardian.com/business/2017/may/13/just-do-it-theexperience-economy-and-how-we-turned-our-backs-on-stuff?CMP=share_btn_link。

世界经济论坛的论文中明确了"对技术的两种普遍看法"。一种是技术的兴起和采用是社会进步的必然结果,另一种是,历史是由技术进步所定义的,而这种进步是"不可避免的,且不受人为控制的"。菲尔贝克、戴维斯和拉森认为:"从一个更加平衡和赋权的角度来看,技术有能力解读、转变和创造世界的意义。它不是与人类无关的简单工具或工艺过程,而是具有深层的社会建构、文化内涵和社会价值的反映。技术是我们与周围世界交流互动的强大途径,影响着人类的基本生活方式、交流方式以及对彼此的看法。"

当然,尽管如此,依旧有一些令人欣慰的积极案例表明了数字技术是如何带来非凡的生活进步的。来自澳大利亚的工程师马特·鲍特尔(Mat Bowtell)从汽车制造岗位上被裁掉了,鲍特尔用他的下岗费给自己买了一台3D打印机,此后他一直在为那些有需要的人免费设计和制作3D打印的定制假肢,无论他们身在何处。他的设计是开源的,共享创作并允许其他人下载,但不能出售或从中牟利[12]。由于假肢需要符合使用者的个人体态,不适合大规模生产,鲍特尔的工程技术和设计技能,提高了假肢设计的适应性和生产效率,他的公益计划已经使更多深处异处的人受益。

234

全球可持续发展的运动持续提高人们对道德和环境问题思考的同时,我们的生产活动也应越来越多地试图相互借鉴其他行业的评估手段来进行评判。通过对生产活动的评估,我们能够从历史中吸取教训,以确保我们了解所使用的新技术和我们生产的产品对环境和文化的影响。不可否认的是,现存世界上生产过剩的产品,设计师需要了解他们如何应对这种环境,在设计和交付新产品时,需要综合考虑生产材料、生产过程的环境影响、产品的生命周期和产品的需求。

数字技术的发展使更多形式的生产方式成为可能,例如通过设计的变化生产个性化的定制产品,鲍特尔的假肢生产公益项目就是一个很好的案例。将"从摇篮到摇篮"的理论应用于3D打印机耗材开发的理念,部分原因是由DIY创客运动、黑客空间和正在研究新技术及替代材料的创客实验室推动的。

---

12. 详见https://www.abc.net.au/news/2018-10-23/retrenched-engineer-makes-3d-prostheticlimbs-for-free/10418050。

幸运的是，数字革命发生在数字媒体的时代，这也是我们可以在任何共享的平台参与创新的时代。未来，数字革命将比工业革命更直接地惠及更多的人和更广泛的社会阶层，希望这场革命确实是"既满足当代人的需要，又不对后代人满足其需要的能力构成危害的发展"。同时我也意识到，我们需要积极主动地从环境、文化和社群的立场提出问题、共享信息、讨论想法并寻求最佳解决方案与实践，并在此过程中不断更新我们的思维和方法，探索并发展新的想法。

参考文献

ADAMSON G, 2013. The invention of craft. London: Bloomsbury.

BRAUNGART M, McDonough W, 2009. Cradle to cradle. London: Vintage Books.

CRAWFORD M, 2011. The case for working with your hands. London: Penguin Books.

GREEN H, 1995. The promise and peril of high technology// KARDON J. Craft in the machine age. New York: Harry N. Abrams: 36-45.

GRIMES S M, FEENBERG A, 2015. Critical theory of technology//PRICE S, JEWITT C, BROWN B. The SAGE handbook of digital technology research. London: SAGE Publications: 9.

JOHNSTON L, 2015. Digital handmade. London: Thames & Hudson: 7.

MUMFORD L, 1934. Technics and civilization. New York: Harcourt Brace: 363.

PATEL R, 2009. The value of nothing. Melbourne: Black Inc.

PHILBECK T, DAVIS N, LARSEN A M E, 2018-08-01. Rethinking technological development in the fourth Industrial Revolution. Discussion Paper.

SENNETT R, 2008. The craftsman. London: Allen Lane.

增强现实、物联网和人工智能等新兴科技与时尚行业的可持续发展

Could Innovations Such as Augmented Reality, the Internet of Things, and Artificial Intelligence Render the Fashion Industry More Sustainable?

凯瑟琳·桑德
Katharina SAND

瑞士日内瓦艺术设计学院讲师，美国帕森斯设计学院（巴黎校区）讲师

时尚可以重塑自我，可以是关于实验的，也可以是不断前进的。时尚也可以是关于变化的，其生产的步伐不断加快，扔掉服装的速度甚至比生产更快，根据麦肯锡2016年的一份报告，近五分之三的服装在生产后的一年内会被送往焚化炉或垃圾填埋场[1]。因此，时尚行业最需要变革的是它的可持续性，尤其需要注重环境污染、资源浪费和低端劳工等方面的社会问题。同时，技术的更新也在不断带来过时的电子产品，智能手机的平均生命周期为2年，据联合国的一份报告估计，2016年的电子废品约有4470万件（Baldé等，2017）。生产和分销领域的技术创新的确让时尚的发展变得更快，但是我们能否在重新利用这些创新来增强创造力的同时也提高可持续性发展呢？

当然这是有挑战性的。要让任何时尚领域的创新技术发挥作用，首先必须"穿上"它。谷歌眼镜和谷歌Jacquard智能织物并没有真正流行起来。2018年推出的汤米·希尔费格（Tommy Hilfiger）的Xplore系列服装也没有得到市场的认可，《卫报》（*Guardian*）还称其为"令人毛骨悚然"（Wolfson，2018），网络上甚至还能找到莱恩·卢斯（Leanne Luce）如何对其进行黑客攻击的视频。由此，你可能会问，为什么像谷歌和汤米·希尔费格这样的公司在生产时尚科技领域并没有成功？答案是，他们将技术放在首位而忘掉了时尚。

当前，许多时尚创新和可持续性的问题都集中在制造上。生产方法有了惊人的改进，纺织科学也有了惊人的创新，近年来出现了新的生物技术制造方法，甚至生产出生物可降解的织物，瑞士公司Freitag就是其中一例。然而，可持续性的关键是需要挖掘为什么，以及如何消费时尚，是什么让一件时尚单品可穿戴且有价值？又是什么原因会让我们快速扔掉它？

作为一名曾经的时尚记者和今天的时尚行业专家，20多年的时尚行业实践与经验，让我有机会观察到我们是如何与时尚（服装和配饰）互动的，以及是什么让它们对人们产生意义。这不仅包括回顾成千上万场的时装秀，还包括观察许多人的着装。这意味着询问很多问题，不仅仅是聆听，而是深入挖掘。它需要观察人们在线上和线下是如何穿着和理解服饰的，以及这些关系是如何随

---

1. 详见http://www.mckinsey.com/business-functions/sustainability-and-resource-productivity/our-insights/style-thats-sustainable-a-new-fast-fashion-formula。

介质: 神经网络生成 (Medium: Neural Network Generation), 2018
来源: 罗比·巴拉特 (Robbie Barrat)

23

着时间而变化的。这是一项实践研究,可以让人们理解对未来的想象和可穿戴性在现实生活是如何融合的,以及它们如何长期影响大多数工程师和时装设计师的。

脱离对人群的分析而孤立地分析数据,会得出一些的错误结论。例如,数据告诉我们,大量客户退回的在线订单,理由是服装"不合适",许多的时尚科技的初创企业也由此专注于定制和提高服装的合身性,如由日本企业家前泽友作 (Yusaku Maezawa) 开创 (现在已经停业) 的ZOZO西装。基于对数据的分析个性化定制服装,他们希望提高服装的合身性可以鼓励顾客保留这些服装,从而减少退货,但现实是人们不会仅仅因为某件衣服合身就去购买、保留和持续地穿着,没有人会买一块价值5万美元的手表仅仅只是因为它很合身。许多女人会买很多根本不合身的鞋子和衣服,合身性只是个加分项。所以,时尚本身必须具有某种比功能性更高层面的意义,才会对佩戴者、穿戴者有如此的价值。

在建筑领域,史蒂芬·霍尔 (Steven Holl, 1991) 提及空间体验的"心理空间";社会学家阿帕杜莱 (Appadurai, 1998) 提到了"社会想象";乔安娜·

恩特威斯尔 (Joanna Entwistle, 2016) 则阐述了"时尚想象": 理解时尚就是分析时尚中的意义和价值。这些理论都印证了时尚是关于你怎样看待自己的问题。穿着的衣服和佩戴的首饰不仅存在于物理空间和附着在物理身体上，也存在于个人认知与社会关系的想象空间中。

增强现实时尚

因此，我们越来越多地在数字虚拟空间中 (例如Instagram或微博) 穿着服装和配饰，这是完全可以理解的。更有趣的是，我们现在甚至可以通过数字技术手段将时尚覆盖在现实的真实世界之上，实现虚拟与现实的二合一。

2018年纽约时装周最受关注的时装系列之一是"一个.人类" (A.Human)，这次纽约时装周与其说是传统时装秀，不如说是沉浸式的时尚体验，其真正的意义在于与观者的互动和鼓励他们自拍。观者只要支付28美元的门票，就可以近距离欣赏不同寻常的服装和配饰，并与它们一起自拍。这种看似简单地玩弄时尚，却让时尚短期内大量传播成为可能。与按次付费的时尚消费相比，这也是一个非常有趣的商业模式。

当前，也出现了各类数字时尚的应用系统，许多人都用过社交软件Snapchat的滤镜效果，"虚拟化妆"带来新鲜的视觉体验——想象一下增强现实的宜家目录，在各类数字时尚应用中，你可以"装饰"自己的脸。这似乎为消费者轻松购买虚拟可穿戴设备铺平了道路。2018年秋季巴黎时装周期间，设计师维吉尔·阿布罗 (Virgil Abloh) ——坎耶·维斯特 (Kanye West) 最好的朋友——Off-White服装的设计师，现任路易威登的男装设计师，提出了使用Instagram滤镜"戴"太阳镜的想法。虽然它看起来还不像戴一副真正的眼镜，但那些研究最佳匹配的高科技初创企业可以运用他们的技术来创造几乎完美匹配的增强现实的时尚。

如果时尚是像何塞·特尼森 (José Teunissen, 2013) 解释的那样，是"表演的身份"，那么，现在很多购物者购买服装后，在Instagram发布穿着的照片后便退货的做法，就可以解释得通了（Kozlowska, 2018）。增强现实时尚的优势在于它是最快的时尚——它是即时的。它也是可持续的，你可以穿上最奢华和令人惊讶的服饰，即时地与他人分享这些时尚体验，所有这些时尚产品不需要清洗，不产生浪费，生产成本低，对环境的影响也非常小。它可以让我们随心所欲地犯很多时尚错误，完全没有负罪感。它可以帮助我们重新思考整个时尚产业的生产体系。

为避免污染环境，安柏·杰·斯洛滕（Amber Jae Slooten）一直着力于在虚拟空间设计时尚产品，许多设计师也一直致力于使用人工智能算法和三维建模技术来开发只存在于数字空间的项目[2]。增强现实时尚已经成为时尚可持续发展中不可缺失的一环，负担不起昂贵的原型打样和生产成本的年轻的独立设计师，通过增强现实时尚的方式，他们可以像Zara一样在全球范围内推广自己的设计作品，同时还能减少环境污染和成本。这可能是目前时尚生产过程中成本最低、最环保且有影响力的生产方式，只需花费一个应用程序的价格，就可以在任何地方、所有地方"穿着和分享"虚拟创新的时尚产品。

对于大型奢侈品集团而言，增强现实时尚还可以减少仿冒，数字技术允许奢侈品集团以比仿造品更低的价格向所有人提供奢侈品设计。像酪悦·轩尼诗-路易·威登集团（LVMH）这样的集团，正在逐渐失去传统的中产阶级市场，并越来越依赖价格更容易被接受的"大众"产品来获得收入，增强现实时尚可以让他们的虚拟奢侈品的价格变得合理，大幅降低物流成本和劳力成本。与此同时，实际的实物生产可以保留给那些追求精湛工艺的少数人，回归类似过去的那种精英生活方式与奢华。

物联网、射频识别技术和共享经济

大多数人每天都在与时尚技术互动：许多零售商和制造商都在使用射频识别技术（RFID）来追踪他们的产品——如果你不付钱就离开商店，他们不仅仅只会发出警告声。RFID标签读取并发射数据，无须电池即可向射频读取器发送有关产品的标识或位置的信息。这是一项创新，使得Zara、优衣库和Mango

等公司以高精确的方式管理其生产和分销物流，跟踪从工厂到商场整个生产、销售过程中的服装和配饰。

除了跟踪供应链物流，射频识别技术还可以对服装的穿着性能进行分析。如果一件粉红色的裙子被带到更衣室上百次，却从来没有被带到结账柜台，那么店内跟踪系统将分析出它在衣架上很吸引人，但是合身性有问题。然后，零售商可以推断出要么需要调整制作，要么需要打折。射频识别技术还可以用来传递材料的来源、生产实践的价值和文化意义，向消费者传递和增加时尚的附加价值，同时创建消费者网络。

当前，阿里巴巴等公司投放了大量的RFID标签以融合线下和线上购物，为耐克 (Nike) 和雨果博斯 (Hugo Boss) 等品牌创建条形码和服装标签。艾弗里·丹尼森 (Avery Dennison) 于2018年宣布与科技公司Evrything建立合作伙伴关系，在未来三年内会将独特的 "数字身份" 嵌入100亿件服装和配饰中。未来，时尚品牌的许多产品都将能够连接到智能手机来提供服务。在法国，Primo1d公司开发了一种 "电子线" (e-thread)，可以将RFID标签无缝集成到没有标签的服装中 (Swedberg, 2017)。事实上，据世界经济论坛 (World Economic Forum) 预测，到2022年，有10%的人将穿上联网的衣服。尽管信息安全和隐私将是一个问题，但所有这些信息技术都在为全球可穿戴时尚产品建立一个可追踪的数据库。

平均人们一般只穿衣柜中20%左右的衣物 (Smith, 2013)，这一庞大的闲置数字可以支持服装的共享经济。共享经济正在改变我们对所有权的概念，像福特这样的汽车公司也正在重塑自己，重新定位为出行服务供应商——他们的新目标不仅仅是销售更多的汽车，而且是最大限度地减少汽车的闲置时间。就像一辆私家车95%的时间都停着一样 (Morris, 2016)，我们衣柜中有80%的衣物都闲置着，共享所有权、交换权和租赁权既可以重新利用衣物，又可以解决不断更新的需求，而无需生产新产品。除了减少浪费和碳消耗外，它还可以促进人们的社交活动。

41

2. 详见https://www.amberjaeslooten.com

全球每年生产1000亿件服装，而50%的快时尚产品在一年内就会被处理掉。根据新华社2016年的一份报告³，仅中国每年就丢弃2600万吨纺织废料，其中不到1%能够被重复利用。与此同时，短期服装租赁也在中国成为现实，一款名为"衣二三"的服装租赁应用程序逐渐在打开市场。利用人们对新奇事物的渴望，服装和配饰行业通过使用RFID标签可以实现时尚的共享经济，信息技术可以使时尚有效持续下去。

人工智能如何让时尚更具创新性和可持续性？

对信息技术的探讨就不得不谈及人工智能。根据《麻省理工学院技术评论》（MIT Tech Review）统计，亚马逊公司2016年开始使用人工智能设计服装（Knight, 2017）。我对全球公司人工智能参与大规模设计和生产的主要担忧是，最终我们将获得基于重复畅销的时尚商品，这是全球范围内普遍被使用的最无新意的选择。这也会极大地减少通过利用时尚而进行的社会实验的数量。

但实际上，在这个实验过程中，人工智能的功能也被最大化激活了。得益于计算机可视化技术和算法（以及一些人工输入程序），亚马逊公司开发了Echo Look风格助手给用户提供穿搭风格，Stitch Fix提供预测性的服装购买建议，Yoox则可以提供人工智能生成的风格建议。2018年初，阿里巴巴集团也推出了一个时尚人工智能平台，该平台基于淘宝店铺和天猫店铺收集的50多万个数据来源，为消费者提供时尚造型和新产品的推荐。

我敢肯定以上的人工智能应用肯定不会犯下某些"时尚的错误"而给你推荐"错误"的选择。在时尚行业工作多年后，我也意识到人们——包括我自己在内——确实都有一些愿意去挑战似乎不适合自己的时尚选择。有时候一件奇怪的几何图形长衣可以给你提供整个衣橱的全新视角，有时候一件衣服可以刷新你的人生观。一些服饰可以激发人们对传统、文化遗产和价值观的反思。另一些衣服的价值则在于它们是生活的记忆。我们喜欢并保留这些衣物，不是因为它们让穿搭变得更容易，而是因为它们承载了我的生活和历史。

---

3. http://www.xinhuanet.com/politics/2016-03/28/c_128838861.htm

服装和配饰被丢弃的那一刻，也是它们不再符合我们想象中的自己以及我们想要如何向世界展现自己的时候。但是，时尚最引人入胜的一个方面是如何通过新旧物品构成和解构我们的个人与社会身份，以及如何通过这些新的组合不断赋予事物新的意义与价值。因此，或许不用人工智能推荐新商品，算法可以用来重新利用数十亿件现有的时装和配饰。在射频识别技术和人工智能的帮助下，我们可以进入全世界的衣橱，创意与新的时尚作品可能会是无穷无尽的。

安柏·杰·斯洛滕创建的虚拟服装是利用人工智能、生成对抗网络（Generative Adverserial Networks, GAN）以及3D建模技术创造的。她把之前巴黎时装周的图像输入电脑，这些算法创造了全新的虚拟服装。19岁的开发者罗比·巴拉特（Robbie Barat）也制作了一个带有算法的时装秀视频，给GAN输入巴黎世家时装秀的图像。二者都使用了以前创建的项目来重构虚拟的新内容。巴拉特工作的美妙之处实际上在于他和人工智能都还在学习——结果令人难忘且引人注目，因为还会出现太多奇怪的小故障。这有点惊悚，但也提醒我们，以科技为工具设计服装的过程可能会很有趣。

可持续性面临的最大挑战之一是让人们是否愿意享受它。也许人工智能不仅仅可以提高效率和加速生产，它还可以用来鼓励前卫的时尚实验，让我们重新利用已经存在的服饰，这不仅仅是为了我们自己，更是为了探寻未来与新的发展。

43

参考文献

BALDÉ C P, FORTI V, GRAY V, et al., 2017. The Global E-waste monitor 2017. Tokyo: United Nations University.

WOLFSON S, 2018-06-26. Track-suits: Tommy Hilfiger's creepy new clothes know how much you wear them. The Guardian.

HOLL S, 1991. Pamphlet architecture 13: edge of a city. New York: Princeton Architectural Press.

APPADURAI A, 1998. The social life of things: commodities in cultural perspective. Cambridge: Cambridge University Press.

ENTWISTLE J, 2016. The fashioned body 15 years on. Fashion Practice, 8(1): 19.

TEUNISSEN J, 2013. Fashion: more than cloth and form// Thomas H. The handbook of fashion studies. London: Bloomsbury: 198.

KOZLOWSKA H, 2018-08-13. Shoppers are buying clothes just for the Instagram pic, and then returning them.

SWEDBERG C, 2017-03-09. Company boosts sensitivity and shortens length of its RFID yarn. RFID Journal.

SMITH R A, 2013-04-17. A closet filled with regrets— The clothes seemed great in the store: why people regularly wear just 20% of their wardrobe. The Wall Street Journal.

Morris D Z, 2016-03-13. Today's cars are parked 95% of the time. Fortune.

KNIGHT W, 2017-08-24. Amazon has developed an AI fashion designer. MIT Technology Review.

时尚、首饰和可穿戴技术的相遇

Where Fashion, Jewellery, and Technology Meet

马尔滕·韦斯特格, 伊莉丝·梵·德·霍文, 卡罗琳·哈默尔斯

Maarten VERSTEEG, Elise van den HOVEN, Caroline HUMMELS

19世纪末,法国电气工程师居斯塔夫·特劳弗 (M. Gustave Trouvé) 设计并制作了电子发光首饰,巴黎夏特莱剧院的首席舞蹈演员赞弗雷塔小姐 (Zanfreta) 就曾在 "母鸡和金蛋" (Hen with Golden Eggs) 中穿着他设计的首饰,使芭蕾舞表演和晚会精彩万分。遗憾的是,他的大部分舞台首饰作品都没有留存至今[1]。

Fig. 106. — La Signora Zanfreta, première danseuse du théâtre du Châtelet, à Paris,
parée, dans la « Poule aux œufs d'or »,
des bijoux électriques lumineux de M. Gustave Trouvé.

赞弗雷塔佩戴的电子发光首饰
来源:巴拉尔 (Barrel)

这个早期的案例很好地揭幕了我们将在本文中探讨的一些主题。有趣的是,这些首饰是由一个工程师而不是设计师或艺术家设计的,当然,电子产品在身体上的应用涉及很多技术难题,比如组件的大小、电源的寿命和电路在使用过程中的耐用性等。舞者佩戴的电子发光首饰作品也表明了被装饰的舞者和电子首饰的视觉表现潜力之间的关系。

我们认为,为了充分发挥电子产品在人体上的价值与潜力,需要深入挖掘时尚、首饰和可穿戴技术领域的交叉,了解它们的异同,并对其交叉领域有透彻的理解。在本文中,我们通过将时尚、首饰和可穿戴技术看作是有重叠部分的三个不同领域,本文的研究范围是三个领域的交叉空间,以一种动态的多学科视角思考探索该主题。

时尚、首饰和可穿戴技术的相遇

---

1. 据记载,目前仅存的一件作品是一枚带有电机的动物头骨的胸针,保存在伦敦的维多利亚和阿尔伯特博物馆(Victoria and Albert Museum)。

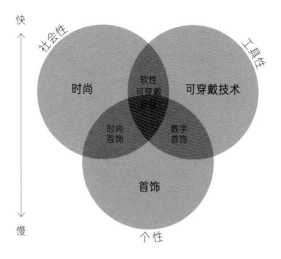

时尚、首饰和可穿戴技术领域的概况，垂直轴显示产品生命周期的速度

不同的发展速度

与首饰领域相比，时尚和可穿戴技术领域的发展要快得多。时尚的特点就是不断变化。弗吕格尔（Flügel）用"装饰和社交"之间的平衡解释了这种需求：一方面，人类感受到内在审美冲动去着装自己的身体；另一方面，社会文化要求我们需要恰当地着装去维持和强化社会关系。阶段性的社会文化跟着时间的推移而变化，时尚也在因地而异地不断变化。同时，人类模仿他们渴望所属的社会阶层与人群，并不断向上流社会流动，而各个阶层都倾向于将自己与下层阶级区分开来：当下层阶级开始模仿某种时尚时，上层阶级就会创造和追求新的时尚（Simmel, 1957），这个过程被称为"涓滴效应"[2]。长期以来，时尚营销一直都遵循这个机制，每年提供越来越多的系列时装和配饰。近年来，人们开始意识到，从产业发展来看，特别是服装制造与加工业的问题，它是不可持续的。

可穿戴技术领域的快速发展源于对体积更小和功能更强大的电子产品的持续追求。自特劳弗的电子发光首饰问世以来，可穿戴电子产品已经逐渐小型化，微芯片使得电子产品的存储容量不断增加，功能也不断增多。此外，设备也不再是独立的，而是连接到云端的。

与其他领域相比，首饰往往具有更持久的特性。这种较缓慢的发展速度一部分可以以所用材料的持久价值来解释，比如贵重金属和宝石，而另一部分则

1

1. 社会阶层和涓滴效应
2. 可穿戴技术的发展概况

迷你化

容量扩大化

多功能化

互联化

2

是由于首饰往往承载强大的个人特质和情感价值。在下文中，我们将进一步研究时尚、首饰和可穿戴技术领域内的不同研究重点。

不同的重点

当相互比较时，时尚、首饰和可穿戴技术领域中的每个领域都有一个突出的重点。正如我们上文已经描述过的，社会背景在时尚中相对重要。

而佩戴首饰的动机更具"个人"特质：

- 装饰：装饰身体，让自己觉得更美丽，更强调个人身份与个性。

- 富态：将体现个人价值之物佩带在身上，彰显财富和品位。

- 保护：宗教信仰，保护自己免受邪恶势力的侵害。

- 身份：加强社会身份认知，并向对方展示个人社会角色与地位。

- 欲望：表达欲望（如对过去某个时代、纯净自然或某个地方的渴望）。

- 情感寄托：记录个人历史、根源和情感关系。

(Unger-de Boer, 2010; Unger & Leeuwen, 2017)

2. 20世纪后半叶，随着少数民族的解放和亚文化的兴起，时尚的传播不再是单向的，而是跨越社会阶层向上传播的。

佩戴首饰的动机
来源: 维多利亚和阿尔伯特博物馆

佩戴首饰的动机和可穿戴技术的研究重点

如对俄罗斯士兵来说,十字架项链就提供了一种心理保护;荷兰艺术家迪尼·贝塞斯 (Dinie Besems) 的 "我是" (I'm) 系列作品就是一种明确的身份认知;而用头发制成的哀悼戒指则是一个具象的情感寄托。这些具体示例说明了佩戴首饰最 "个人" 的动机。

可穿戴技术则更具 "工具性"。2014年,比查姆研究小组 (The Beecham Research Group) 将可穿戴技术领域划分为以下几类:

- 魅力: 富有表现力的工业设计,通常带有动态图案或灯光;

- 通讯: 手机的外延。根据用户设置的规则过滤来电、短信和通知;

- 智能生活方式: 将数字功能与家居生活方式结合起来;

- 运动、健身、健康和医疗: 跟踪活动并收集信息,旨在加强体育锻炼、增强活力和健康监测;

- 安全性: 基本上是可穿戴的警报按钮,可用于提醒亲属、附近的其他用户或紧急服务;

- 商务运营: 用于通过手势控制与物联网交互,或用作无线标识的可穿戴设备。[3]

当我们比较这三个领域时,各个领域的研究重点非常清晰。如,"情感与审美"(首饰领域)、"功能与应用"(可穿戴技术领域)和"潮流与焦点"(时尚领域)之间存在着明确的关系。时尚领域将文化与社会变化联系在一起。在首饰领域,人体和"个人"对审美和个人身份的需求关系得到了强调。而在可穿戴技术领域,重点更多地放在了动态和功能上,将其作为达到一定效果的"工具"。

交叉领域

在时尚、首饰和可穿戴技术领域重叠的地方,我们发现了四个子领域:时尚首饰、软性可穿戴设备、数字首饰,还有三个领域有内容重叠但尚未命名的领域。

时尚首饰(或时装首饰)是由非贵金属材料和人造宝石制成的装饰性强且为了服务服装搭配设计的首饰,第一次工业革命为时尚首饰的出现创造了条件,具有较高社会阶层的人们有空闲时间和金钱去逛当时刚刚兴起的百货商店。时尚首饰相对低廉的材料和紧随流行趋势的特征催生了大量富有表现力的设计(Cera, 1997),创新材料的应用和工业产品的制造速度也鼓励人们可以进行不同的尝试。1920年代普及时尚首饰的关键人物是法国时装设计师嘉柏丽尔·香奈儿(Gabrielle Chanel)和伊尔莎·斯奇培尔莉(Elsa Schiaparelli),他们说服上流社会人士将他们"真正的首饰"留在保险箱里,用时尚首饰代替或混合搭配。有趣的是,我们发现我们现在称之为"首饰"的许多配饰实际上都属于"时尚首饰"的类别。除此之外,令人着迷的是,时尚首饰还引发了社会不同领域对首饰的关注和价值认知,促成了20世纪下半叶后现代思潮对其的影响,出现了艺术首饰、独立首饰和首饰艺术等概念。

在时尚与可穿戴技术领域的重叠领域,我们看到了软性可穿戴设备的出现,即将可穿戴电子设备集成到本就可穿戴的纺织品中。我们在软性可穿戴设备中找到了一些时尚案例和功能性案例。软性可穿戴设备是一个有趣且快速发展的领域,当然,在合身性、集成性、可持续性和可洗性等方面都面临着非常具体的挑战。

---

3. 详见《可穿戴技术:实现互联生活方式-大纲》(Wearable technology: enabling the connected lifestyle - outline)。

1. *Ilja Assimila 2016春夏发布会*
2. 闭环智能运动时尚休闲服
3. "纪念品"音盒

1

2

3

在首饰和可穿戴技术领域的交汇处，数字首饰的子领域出现了，数字首饰试图平衡可穿戴技术的工具性和首饰的社会与个人意义。可穿戴技术因过分专注人体工学的探索，缺乏美学和个性人文价值的思考而受到批评（Wallace & Dearden, 2005）。在过去的十年中，首饰和可穿戴技术的整合已在学术界得到了关注，许多具有技术、交互设计和工艺美术背景的专家学者通过设计在不断探索（Ashbrook等，2011; Miner等，2001; Perrault等，2013; Silina & Haddadi, 2015; Versteeg等，2016; Wallace, 2007; Werner等，2008），另一些学者则阐述了这一领域的概况并倡导一种具体的方法（Kettley, 2005; Koulidou, 2018; Wallace & Dearden, 2005; Wallace & Press, 2004）。作为数字首饰的一个例子，卡琳·尼曼斯维德里特（Karin Niemantsverdriet）与合作伙伴合作开发了"纪念品"（Memento）音盒。它可以两面打开，打开一个盖子，音盒开始录音，当另一个盖子打开时，则开始播放回放。音盒的音量在播放时需要将吊坠靠近耳朵。播放时需要拉动链条切换样本，样本听得越频繁，就越容易被找到，而听的少的样本将会减少出现频率，并最终从盒子的内存中消失。

最后，我们在时尚、首饰和可穿戴技术领域的完全交叉领域发现了一个迄今为止尚未被命名的领域，这三个领域在这里完全重叠。据目前所知，学术界尚未探索过这一领域。不过，它有望成为一个有趣的研究和设计空间，它完美地平衡了这三个领域。对这一领域的探索需要单独的研究，这超出了本文的范围。

动态方法

以上，我们已概述了不同领域的内容以及它们之间的关系和特点。这种结构上的梳理有助于我们理解各个领域的定位，但也很容易被理解为静态和过度简化的概念诠释。因此，还需强调不同领域之间的动态处理，这就意味着我们必须在不同的细节层次和语境之间进行切换。当从较整体的视角看这三个领域时，领域之间的边界开始模糊，这使人们意识到时尚、首饰和可穿戴技术领域——尽管发展速度和侧重点不同——但最终都要依赖人的身体作为平台

不同抽象级别的三个领域的概述

和互动场域。此外，它还显示了一部分空白的领域，其中包括一些相关且具有启发性的领域，例如配件和可穿戴医用辅助设备（Tamminen & Holmgren，2016）。当我们放大这个研究领域时，子领域就会出现。进一步放大细分，可以发现发展最早和最成熟的领域本身就是异构的。如在时尚领域，就有手工高级定制时装、小批量生产的成衣和大批量生产的系列服装，首饰和时尚首饰领域也有类似的细分。再进一步放大显示出的灰色点，就是品牌、独立设计师和制造商。在这一层面上，我们可以发现不同工艺的隐形优点：对材料质量的独特敏感性、出色的技术处理能力、世代相传的古老工艺以及对人体特征的微妙表现（Sennett，2008）。

为进一步探索和发展子领域，我们既需要整体视角的宏观概述，也需要发现隐藏在微观实践中的那些变量与因素。

结语

居斯塔夫·特劳弗的电子发光首饰作品至今已经有一百多年的历史。那时看似很神奇的事情现在已经触手可及，电子产品已经成为可穿戴设备，并且正与人体紧密接触。长久以来，与身体接触的空间一直是为服装和首饰与配饰保留的，根植于人类对审美、个性表达和身份识别等社会属性的渴望。新事物既令人兴奋，但也是未知的和不确定的，为了应对新事物的细分和发展，有必要了解其相关领域的发展关系。本文概述了时尚、首饰和可穿戴技术领域及其交叉领域的内涵，由此，我们发现了一个未探索的研究和实践空间——三个领域的完全交叠领域。然而，现实中每个领域的存在并非不变的，因此，本文提倡用动态的方法，在整体概览和丰富内容之间的关系来认知。本文认为该领域需要这种动态且多学科的方法，理解和研究领域之间的异同，以探索时尚、首饰、可穿戴技术以及所有可能交叉领域的未来发展潜力。

参考文献

ASHBROOK D, BAUDISCH P, WHITE S, 2011. Nenya: subtle and eyes-free mobile input with a magnetically-tracked finger ring// Proceedings of the 2011 annual conference on human factors in computing systems. New York: ACM Press: 2043-2046.

BARRAL G, 1891. Histoire d'un inventeur.[2019-01-15].https://github.com/uvicmakerlab/trouve d.d. 15-1-2019

CERA F D, 1997. Costume jewellery. Milan: ACC Art Books.

FIELD G A, 1970. The status float phenomenon: upward diffusion of innovation. Business Horizons, 13(4): 45-52.

FLÜGEL J C, 2016. The fundamental motives// Welters L, Lillethun A. The fashion reader. London: Bloomsbury: 169-173.

KETTLEY S, 2005. Framing the ambiguous wearable. Convivio Web-Zine, 2: 1-15.

KOULIDOU N, 2018. Why should jewellers care about the digital? Journal of Jewellery Research, 1(2): 17-33.

MINER C S, CHAN D M, CAMPBELL C, 2001. Digital jewelry: wearable technology for everyday life// Proceedings of CHI'01 extended abstracts on human factors in computing systems. New York: ACM Press: 45-46.

PERRAULT S T, LECOLINET E J, GUIARD Y, 2013. Watchit: simple gestures and eyes-free interaction for wristwatches and bracelets//Proceedings of the SIGCHI conference on human factors in computing systems. New York: ACM Press: 1451-1460.

SENNETT R, 2008. The craftsman. London: Penguin Books.

SILINA Y, HADDADI H, 2015. The distant heart: mediating long-distance relationships through connected computational jewelry. [2010-11-28].http://arxiv.org/abs/1505.00489.

SIMMEL G, 1957. Fashion. American Journal of Sociology, 62(6): 541-558.

TAMMINEN S, HOLMGREN E, 2016. The anthropology of wearables : the self, the social and the autobiographical// Proceesings of the 2016 ethnographic praxis in industry conference. New York: John Wiley and Sons: 154-174.

UNGER M, VAN LEEUWEN S, 2017. Jewellery matters. Rotterdam: Nai010 Publishers.

UNGER-DE BOER M, 2010. Sieraad in context: een multidisciplinair kader voor de beschouwing van het sieraad. Leiden: Leiden University.

VERSTEEG M, VAN DEN HOVEN E, HUMMELS C, 2016. Interactive jewellery: a design exploration//Proceedings of the TEI '16: tenth international conference on tangible, embedded and embodied interaction. New York: ACM Press: 44-52.

WALLACE J, 2007. Emotionally charged: a practice-centred enquiry of digital jewellery and personal emotional significance. Development, 7: 1-228.

WALLACE J, DEARDEN A, 2005. Digital jewellery as experience// PIRHONEN A. Future interaction design. New York: Springer: 193-216.

WALLACE J, PRESS M, 2004. All This useless beauty: the case for craft practice in design for a digital age. The Design Journal, 7(11): 42-53.

WERNER J, WETTACH R, HORNECKER E, 2008. United-pulse: feeling your partner's pulse//Proceedings of the 10th international conference on human computer interaction with mobile devices and services. New York: ACM Press: 535-538.

WHITE H, STEEL E, 2007. Agents of change: from collection to connection. The Design Journal, 10(2): 22-34.

后数字时代的首饰
当代首饰设计的未来场景

Post Digital Jewellery
The Future Scenarios of Contemporary Jewellery Design

琪亚拉·斯卡皮蒂
Chiara SCARPITTI

意大利坎帕尼亚路易吉万维泰利大学副教授，博士当代首饰设计师的创作并不像传统设计师与手工艺师的方式，远非依赖于某个灵感的迸发，而是通过对形状、材料、想要传达的理念以及对概念和观念的研究与分析，从文化、科学、技术、社会等视角的设计研究中获得思路。首饰设计不仅仅是通过物体来装饰人的外表，更重要的是在物体或产品中嵌入非物质的价值，实际上，创造和设计实践能够激发思维并产生新的知识。从这个角度来看，首饰设计是一种脑力消耗而非体力劳动。鉴于此，关于首饰主题的国际讨论需要新的视角，特别是不断深化在数字时代设计所起到的作用。随着工业4.0的广泛普及，当代首饰设计与数字化的融合也越来越包容，如今，正如梅尔·亚历山伯格（Mel Alexenberg）所说的，我们正处于从数字时代到后数字时代的过渡时期，"后数字时代的艺术形式实际上是通过技术手段来解决数字技术的人性化问题，探讨信息技术、生物技术与文化、精神系统之间，网络空间与现实空间之间，社交和物理交流中的媒介与混合现实之间，高科技和高人性化之间，视觉、触觉、听觉和动觉体验之间，虚拟现实和增强现实之间，在本土性和全球化之间等方面的相互作用与关系。"（Alexenberg, 2011）

本文分析了一系列有关当代首饰的研究案例，强调了设计和技术之间的新关系，如以生物为灵感的首饰设计。也有几个案例来自首饰设计领域以外的其他行业，主要阐述不同类型设计的相关流程和后数字时代产品的横向使用，如医药或工程应用。这种突破性的设计类型涉及更广泛的主题，对新材料的应用实践以及当今社会的政治问题、可持续发展问题和伦理问题都会产生持续影响。

走向后数字时代的当代首饰

对数字化设计在国际范围内的讨论要求人们对设计在未来首饰情景中的想象有更多的认识与思考。对应工业4.0的普遍推广，生产上的创新，就必须对社会文化体系保持足够的敏感，同时必须不断更新发展细分领域的专业知识。

早在1998年，内格罗蓬特（Negroponte）就断言，"数字革命已经结束……像空气和饮用水一样，数字化只会被人们注意到它的缺席，而不是它的存在。未来几十年，将是一个理解生物技术、掌握自然和实现外星旅行的时代，而DNA

计算机、AI、微型机器人和纳米技术是技术舞台上的主角。电脑将成为我们日常生活中一个广泛而无形的部分：我们将生活在其中，'穿上'甚至'吃下'电脑。"（Negroponte, 1998）

在上文的描述中，显然，人和数字虚拟世界之间的关系正变得越来越复杂——过去一直是作为不同国家和社会发展水平衡量标准的技术，现在已将人类发展指数纳为至关重要的核心，而非单纯考虑技术本身。随着物联网（Internet Of Things, IOT）的到来，数字化正逐渐向万物互联（Internet of Everything, IOE）演化，计算机系统发展的速度[1]将世界置于一个人、物和非人类生物实时连接的全球网络中。在万物互联中，人类世界、自然世界和网络世界共存于一种独特的现实生活体验中。"万物互联将人、物、过程和数据融合在一起，使连接比以往任何时候都更加紧密和有价值——将信息转化为行动，为企业、个人和国家都创造了新的功能、更丰富的经验和前所未有的经济发展机会。"[2]在这种清晰的关系维度的影响下，设计作为将观念与思维转化变革为现实的工具，如今形成了一条新的研究路径。

正如梅尔·亚历山伯格在他关于后数字时代的著作中所说，随着现实材料和虚拟材料之间的障碍的消除，设计有了新的工作方法、混合工具和物质。数字组件已经成为面向未来的当代研究项目中不可或缺的组成部分，如果这些技术与科学研究相结合，就可以实现更加有包容性和交叉性的发展前景。创新的软件工具、3D扫描仪，新材料的处理方式和数字科技之间的交叉，塑造出新的产品与生活情景，并彻底颠覆旧的方式。在这个情境中，一系列试点实验阐述了设计、首饰和技术之间的新关系。

"电子设备已经占据了我们的大部分生活，无处不在的屏幕文化成为社会转型的重要因素之一。聊天应用软件就像20世纪的香烟一样，成为一种象征性的消费商品，对经济运行作出了重大贡献。香烟会慢慢破坏肺部，而我们每个人因为电子产品而成为'设备人'的隐形成本是什么？首饰是否可以应对这种转变呢？"[3]通过这些问题，荷兰设计大师汉斯·巴克（Gijs Bakker）邀请各国设计师以"设备人"（device people）为主题创作新的首饰，该项目的展览于2018年米兰设计周的阿尔科瓦空间展出。在展出的作品中，巴特·赫斯（Bart Hess）的"EXT."项链是用非常细的铜线精心编织制成的，铜线取自电缆（电力和网络数据通过这种电缆进行传输），这条项链看起来像一个体外器官，是一个以信息数据的物理传输材料编织而成的有机体。而碧翠丝·布罗维亚（Beatrice Brovia）和尼古拉斯·程（Nicolas Cheng）展示的"黑色透明"（Black Transparency）和"对话片"（Conversation Piece）组合设计，胸针的形状与第一部的苹果2G手机屏幕相似，其表面似乎是由黄金碎片和水晶组成的，能够反映观看者的人像，从而引发对可持续性发展问题的反思。

乔纳森·奥普肖（Jonathan Openshaw）在《后数字工匠》（*Postdigital Artisans*）一书中分析了一系列设计品牌和创意工作室的工作，它们致力于将不同媒体和跨学科方法进行数字化融合，包括建筑、时尚、艺术和首饰。该书描述了一个未来的后数字场景，它将创造力行为分为几类：力、物体、表面、粒子、结构和物质。"雕塑的图像文件和物理雕塑不是同一回事，而是相互关联的。他们相互独立但又彼此关联，因此它们所构成的整体对象既不是物理的也不是数字的，而是二者的融合。"（Openshaw, 2015）

作为一种新的意义探讨和价值取向，后数字时代的首饰设计也能表达消极的情绪。在当代这个多元的设计领域中，许多利（Dorry Hsu）进行了她的研究。通过"恐惧中的美学"（Aesthetic of Fears）系列项目[4]，这位韩国设计师试图通过创作一系列限量的别针、口罩和戒指，结合触觉臂和有色树脂制成的机器人模型，来表现个人对昆虫的恐惧。最终的设计结果回应了最初的设计概念，创作了令人"反感"同时又令人着迷的首饰，探索了潜意识情感和物质视觉感受之间的分界线。

身体：数字项目的探索领域

从原子到物质再到我们对人的身体的认知——首饰设计的未来场景之一是以个人作为项目的起点和终点的定制。在后数字时代，设计作品不再是重复相同

1. 摩尔定律。详见https://www.washingtonpost.com/news/innovations/wp/2015/04/14/10-images-that-explain-the-incredible-power-of-moores-law/?utm_term=.92253fe901d8。
2. 详见http://share.cisco.com/IoESocialWhitepaper/#/。
3. 详见http://www.chpjewellry.com/device-people/。
4. 详见http://cargocollective.com/Dorry_hsu/Aesthetic-of-Fears。

1

2

1. 碧翠丝·布罗维亚、尼古拉斯·程, 对话片, 2018
2. 许多利, 恐惧美学, 2014

的复制, 而是设计对象的特殊化的过程, 将设计对象与独立人结合起来, 揭示和挖掘其最个体最无形的部分。"身体是我们存在的一种技术, 它也是我们存在的一种材料, 它是我们构建和改造世界的基本媒介。对身体提出质疑, 建立我们自己的主体, 意味着寻求人类对自身存在的敏锐感知和实践行动。" (Fiorani, 2010)

我们作为人的存在的有形性, 是通过对身体的重新审视来实现的, 身体既可以被理解为进行传统手工艺术和制作技术手段的探索领域, 也可以被理解为以新技术和信息化手段为工具, 实现数字化的探索领域。在最近的研究中, 生成式生物特征设计 (generative biometric design) 可以采用身体的测量数据为形式, 再使用计算机参数化生成各种物体。通过三维扫描单个肢体部位 (如脖子或手腕) 的虚拟映射, 可以借助算法构建出完全符合人体解剖结构的独特的功能性"首饰" (既可穿戴设备)。这种实验已经广泛应用于生物医学领域, 用于假体的定制和生产。但在时尚和设计方面, 这些技术可以为首饰带来新的视觉体验和应用潜能, 可以与个人的审美和功能需求密切相关。

在这个领域最具创新性的案例, 如雷因·沃伦加 (Rein Vollenga) 的作品, 他通过喷漆和树脂等多种技术创造了具有生物形态的雕塑; 还有安娜·拉伊切维奇 (Ana Rajcevic) 的研究, 她创造的可穿戴雕塑无法归类为任何类型的产品。在介绍"动物：进化的另一面"（Animal: The Other Side of Evolution）项目的文本中，拉伊切维奇指出："该项目基于对解剖结构的独特视觉解读，以骨骼结构为基础，创造出一系列雕塑作品，这些作品表现出人体的自然属性，暗示力量、能力和感官享受，探索了人类突变和进化的概念，创造一个超越过去和未来的人类和动物的当代交叉形象，这也许是一种不受时间影响的、至高无上的未来生物。"

关于人类—动物主题及其交叉融合的讨论，豪尔赫·阿拉亚（Jorge Alaya）工作室的跨学科研究通过对新生物物种进行建模，将其定位于"后人类"场景。"后数字时代的好奇心"（Post-digital Curiosities）是一个概念性的装置，它使人想起门捷列夫的化学元素周期表。该项目展示了一系列参数化生成的生物形态人造物，随后利用特定颜料、化学试剂和干燥时间的巧妙混合进行重新组合。与传统的数字化造物美学不同，阿拉亚将数字对象重塑为动画和不完美的存在，每一个都代表一个可能的进化宇宙。

从这个角度来看，设计师看起来像一个"炼金术士"，他从内部研究自然的逻辑，重建其动态、过程和差异。然而，设计师的思考并不总是积极地在将人与自然环境重新建立联系，还可能会导致人与自然、人与人、人与技术之间的不稳定性。在一个项目阶段的开始，将人放在技术的核心位置，人不仅作为最终的接受者，还是其过程和对等关系"构建"中的行动者。正如亚历山伯格所说，与数字时代不同，后数字时代以日益不可分割的对等关系为基础，依靠物质和物理现实，其最具实验性的方法是使用来自网络、生物黑客行为和整个人体的敏感信息作为生物参数输入，将其纳入一个新的系统中。

而首饰与人身体的外部或内部生理结构直接接触，从医学角度而言，它们可以与器官和临床参数密切相关，因此首饰收集到的人体数据反馈的输出，都可以转换成形状、颜色、情感，所有的这些反馈都是特殊的、不可重复的。虹膜的形态、心跳、神经元的频率、呼吸、头发、指纹，身体的每个元素都可以凝聚和转化成一个珍贵的新物体。在生物学和数字化的交界，几位设计师和艺术家正在研究微生物学的相关实践，包括与首饰设计的融合交叉。从生产的角度来看，我们可以看到，首饰正逐渐从等倍数的同化生产（以前的工业范式清楚地证明了这一点）向独特倍数的生产转变，朝着人与产品之间一对一的关系更新。

2006年，伦敦皇家艺术学院的一组设计师与国王学院的研究人员一起参与了"生物首饰"（Bio Jewellery）跨学科研究的项目，其中调查研究了一些情侣夫妇，并制作了一系列骨组织戒指。"在项目过程中，我们汲取了许多不同学科和专业的技能和方法，其中包括材料工程、细胞生物、口腔外科、媒体影像、计算机辅助首饰设计、平面设计、交互设计、产品设计、美术、媒体关系、新闻、科学传播、社会学和伦理学等。"（Thompson等，2006）这些实验的过程，不再以模拟的方式研究身体和自然，而是从真实的科学动态中进行分析和研究。这些骨组织直接取自情侣夫妇，经书面同意后，他们接受了一个小的外科手术，提取实验样本。显然，设计"包含爱人的一部分"的可穿戴物体的想法是一个社会关系中非常古老和浪漫的概念，在这个方向上，未来的技术可以塑造新的"过去"，从而增强科技在人类学领域的研究价值，将首饰的语言置于一个重新认知和被探索的领域。

1

1. 安娜·拉伊切维奇, 动物: 进化的另一面, 2012
2. 雷因·沃伦加, 精华液, 2011

2

作为设想工具的技术

根据这些实验，数字技术可以成为当代首饰创作项目中最具启发性的前沿探索领域之一，它能够开阔视野，探索新材料和技术的可能性。但是尽管如此，仍需不断加强数字技术与人类学学科的不断融合，以加深人类对自身的认知。每当首饰设计面临新的技术挑战时，都会让设计师反思首饰的存在与可能性。实际上，这是首饰设计作为一个研究对象背后的学术使命，而不是其工艺技术的表面印证。从这个意义上来讲，技术可以超越理性，超越已获得的知识，其作用在于提出新的研究途径与方法，并以此寻找研究中最人性化和最敏感的内核。

我们不应该忘记，首饰是一种具有强大象征力量的物品，可将佩戴者与情感和各种感知（包括信仰和科学无法解读的）联系在一起，并将其放大。在这种相互作用和相互影响的过程中，首饰、设计和思想是联系在一起的。根据理论和实践的探索，技术不仅是美学或功能上的优化，它本身就可以成为一种设想，成为与人类建立新的物质和精神关系的工具。

参考文献

ADAMSON G, 2007. Craft as a process: thinking through craft. Oxford: Berg Publishers.

AGAMBEN G, 2008. Che cos'è il contemporaneo. Rome: Nottetempo.

ALEXENBERG M, 2011. The future of art in a postdigital age. Bristol: Intellect Ltd.

FIORANI E, 2010. Leggere i materiali. Milano: Lupetti: 51.

FLORIDI L, 2017. La Quarta rivoluzione: come l'infosfera sta trasformando il mondo. Milano: Raffaello Cortina.

KELLY K, 2010. What technology wants. New York: Viking Press.

LA ROCCA F, 2017. Design on trial: critique and metamorphosis of the contemporary object. Rome: Franco Angeli.

NEGROPONTE N, 1998. Beyond digital. WIRED Magazine, 6:12.

OPENSHAW J, 2015. Postdigital artisans: craftsmanship with a new aesthetic in fashion, art, design and architecture. London: FRAME.

STERLING B, 2006. Shaping things. Cambridge: MIT Press.

THOMPSON I, STOTT N, KERRIDGE T, 2006. Biojewellery: designing rings with bioengineered bone tissue. London: Oral and Maxillofacial Surgery.

CHAPTER

4

DIALOGUE &
COMMUNICATION
Curation

对话与沟通
策展

介绍
Introduction

二十多年前出版的《关于展览的思考》(*Thinking through Exhibition*)一书中，就提出了这样一个结论："在艺术的系统中，展览是交流的主要场所，在这里，意义被构建、被维持、被解构、被重组……展览，尤其是当代艺术展览，具有确立和管理艺术的文化意义。"(Greenberg, 1996)二十多年后的今天，随着全球化进程的加快，新的网络技术的出现，以及不同文化语境下的人们、艺术、资本、文化和"体验经济"的跨国交流的增加，展览已不仅仅是藏品展示和研究结果的陈列，其构建了其更加重要的文化研究平台与应用实践价值，展览本身促进了多维度和多层次的文化与社会交流，展览的策划和筹备过程逐渐成为一门专业的研究。当代时尚、设计主题的展览因其内容与当下生活息息相关，其形式开放多元而越来越受到美术馆和博物馆的青睐与大众的欢迎。当代的策展，作为一种创造性的实践研究形式，产生了许多成果，包括展览本身、数字档案和相关出版物等。然而，我们该如何理解当代策展的价值，如何定位策展人的角色，策展的研究方法又是什么？本章的两篇文章将分析和探讨这些问题。

广义而言，策展是时尚产业中的重要一环，无论是动态的时尚发布会，还是静态的文化机构的展览，策展有效地将时尚主题及与产品相关的内容传播给大众与媒体，我以TRIPLE PRADE国际首饰双年展为案例，阐述了对当代艺术策展的实践和研究。即使时装与博物馆的结合已有近百年历史，如何将当代的时尚纳入博物馆展览依旧引发了新的论点。对此，赫克托·纳瓦罗副教授展开了他的探讨，他认为从19世纪初期时尚主题博物馆的建立开始，到如戴安娜·弗里兰 (Diana Vreeland)、哈罗德·柯达 (Harold Koda)、理查德·马丁 (Richard Martin)、瓦莱丽·斯蒂尔

（Valerie Steele）等知名时尚策展人在艺术博物馆举办的时尚展览，时尚主题的展览和策展活动越来越多，甚至成为美术馆学的新潮流。这一潮流也影响了西班牙，促成了马德里时装博物馆和巴黎世家博物馆等永久性博物馆的成立。此外，一些博物馆将艺术与时装结合，如在展览"索罗拉和时尚"（Sorolla and fashion）中，艺术家乔金·索罗拉（Joaquin Sorolla）的画作与时装共同展出，时装亦被看作是画作的另外一种呈现方式。他以此为出发点，提出了他对策展和管理的看法。

介绍

孙捷
Jie SUN
国家特聘专家
同济大学设计创意学院教授

参考文献

Greenberg, R. 1996. *Thinking through Exhibition*. London and New York: Routledge.

当代艺术设计策展的研究方法与策略

以 TRIPLE PARADE 国际当代首饰展为例

Research Methods and Strategies of Contemporary Design Curation

Take the TRIPLE PARADE Biennale for Contemporary Jewellery as an Example

孙捷
Jie SUN

国家特聘专家，同济大学设计创意学院教授

传统模式中,当代艺术博物馆(美术馆/设计博物馆/艺术中心)与历史文化博物馆在策展方法与管理、展览方式与态度等方面都有着巨大的不同,后者展现的是基于历史脉络的物品,而前者则不仅仅展现了人和物与人类社会发展的关系,还在此基础上构建了一个尝试提出问题和映射问题的场域(Martinon,2013;Ferguson等,1996)。因此,尽管都是文化艺术机构,都是展览,但却呈现了截然不同的策展框架(Barker,1999)。在历史文化博物馆里,大多是基于馆藏的"永久"展览,而在当代艺术和设计领域,"短期"展览形成了保持机构活力与影响力的重要"呼吸"功能,它通常可以为特定的某个主题举办展览或活动,而非一定要与馆藏发生直接关系(Heinich & Pollak,1996)。随着当下美术馆与博物馆的迅速发展,特别是在日益增长的国际双年展文化强势发展的背景下,再加上高端品牌和某些商业活动对"跨界合作"需求的增强,有越来越多的展览内容和新的展览形式出现。参观当代美术馆(博物馆/艺术馆/画廊)的展览,也成为大众生活方式和新的社交模式(Marstine,2006),当代艺术语境下"短期"展览的质量成为机构发展重要的筹码。

很显然,随着全球化的加速以及新的信息技术的发展,各种生活方式与文化之间的沟通越发频繁,艺术品与资本之间的联系越发紧密,"体验经济"与跨国文化交流不断增加,使得人们越来越关注各种各样的当代展览。为了获得公众和专业人士的兴趣(Kirshenblatt-Gimblett,1998;Marincola,2002),展览的多元角色与文化价值不断提升和扩展,由此,需要不同的策展人提供多元的展览,并不断寻找新的展览形式,利用新的策展手段、主题研究和活动促进观众/参观者的知识交流和参与,这都表明了当代文化机构与公众或特定群体的关系在不断变化(Bauer,1992;Obrist,2014)。这种变化,体现出在当代语境中,展览逐渐从对馆藏物品及其历史故事展示的关注,转变为对如何与观众/参观者互动的关注,重新思考观众角色。这种关注的转变,要求美术馆和博物馆要更好地考虑对参观者的研究,并不断尝试跨界的合作模式(Billing等,2007)、数字互动与新的传播形式(Cook & Graham,2002)等。还有一个更重要的层面,由于外部对展览产出的知识与内容和对美术馆学术研究的需求增加,美术馆工作人员成为策展实践及执行过程中不可或缺的一部分,在某种程度上改变了展览在文化机构中的角色和地位(Hooper-Greenhill,2014),展览正逐渐从过去仅展示已完成的研究成果,转变为一个重要的资源整合的平台和知识创新的场所(Gardner & Green,2016)。

当代艺术设计策展的实践和研究

当代艺术设计策展的实践和研究成为相对独立的意识形态和表现形式,展览不再拘泥于馆藏作品和单一的历史研究。一方面,全新的策展动机,使得展览成为新的研究语言和艺术实践,成为一个将策展人(作者、导演)、展品(艺术家思想的实践作品)和观众三位一体互动、思考和探索的场域,这在为当代策展人提供无限自由和可能的同时,也是一个非常大的挑战;另一方面,它也严重暴露了传统策展方法和系统已经无法适应当下社会的新愿景和学科发展,这也暗示了传统策展方法和美术馆学正处于挑战之中——传统的策展人很可能缺乏对现实语境的认知与判断,以及处理复杂任务和对象的手段及能力。正如艺术史学家特里·史密斯(Smith, 2012)在他的专著《对当代策展的思考》(*Thinking Contemporary Curating*)中的说的那样,在这个新的时代,除了美术馆和展览的关系与角色发生了改变,策展人更加需要做好"转型的准备"(MacLeod等, 2012)。

26

但是,当代展览不仅仅是满足对观众的吸引和维持文化机构在"体验经济"(Pine & Gilmore, 1999)中的增长需要。正如卡罗琳·西娅所言:"当代艺术展览或双年展是实验、探索和自由审美的实验室,是测试策展人能力和知识的地方,是整合知识与生产知识的场所。当他们在自己的世界中与他人为艺术表达、知识批判和人文关怀争论时,他们受到不断变化的确定性和不确定性的挑战。"不可否认的是,当代展览也是研究和知识产出的场所,当代策展的过程也可以成为学术研究的手段之一(Drabble & Richter, 2008)。

这里涉及关于策展研究的两种理念与模式:一种是以文献和具体的作品或人作为研究对象,策展作为方法和手段以验证知识,除论文外,展览也可以作为其知识产出的一个部分,这并不难理解,大多数显性知识的科学研究都是这种模式;另一种是基于设计展览的策划实践,其最主要的形式就是展览本身,展览不仅被视为一种研究的验证形式(Thomas, 2002),还被视为一个开展新研究的场所和进行已有研究的场域(Herle, 2013; Bjerregaard, 2019)。研究不仅仅是在展览实现之前,而是穿插在整个展览的实现过程中。这也被认为是传递知识的科学手段,如作品的选择方法、策展管理与组织的架构、造景美学的概念解读、空间设计的结构、展览展示的建筑模型和文献性的记录、主观感性的实验等，这些都是一个有学术研究属性的策展模式的组成部分，也是其内容产出的手段。当然，前者，即策展的学术研究（Curation and Research），与后者，即策展研究（也可以理解为基于策展实践的研究、以策展为导向的研究）（Curatorial Research）之间的关系并不难理解，也并不新鲜，两种研究虽然有着内在的联系，但是在方法上存在着一种"分裂的角色"，这种分裂的角色从根本上是两种知识产出的模式：即科学意义上的学术研究和学科专业意义上的实践研究，事实上，这两种模式总是在冲突和互补之间转化，而非对立或无关的。一方面，策展作为一种科学的学术研究形式被认知；另一方面，展览策划的行为又被视为画廊、博物馆、双年展和其他文化机构展览形式中的一种研究实践。针对策展研究而言，什么是具体的研究对象，什么构成研究的问题，以何种模式与方法开展研究，成为区别两种知识产出的研究模式的手段。

批判性的当代策展研究（Bjerregaard, 2019）是一个新兴的国际研究方向，属于博物馆学和艺术研究的广泛领域（Thomas, 2010）。1960年代，职业的独立艺术策展人开始出现，直到80年代，高等学院开始培养基于不同学科专业领域和职业需求的策展人，如：设计策展（平面与产品）、建筑策展、摄影策展、时尚策展（服装）等，以时尚和首饰为主题的当代策展的发展不到二十年（Obrist, 2008）。当代策展研究多基于美术馆学和人类学的方法论，主要探讨展览本身作为一种"艺术实践的表达形式"的研究价值，即以展览的制作者为作者，而往往忽略了一个当代的展览是由涉及多个层面的知识、经历半年至两年（甚至更久）的策划所完成的，这里存在着三个阶段。第一个阶段，展览前期，即展览对外发生之前，这个阶段如同"地基"包含了大量的策划与组织工作，包括确定展览的目的，开展策略研究、可行性探讨，明确主题与内容，确定艺术家与作品，核算预算的可能性，做好沟通的层级等；第二个阶段，展览中期，它通常是展览策划的完成阶段，同时也是展览的开始，策展人在这个阶段通过其策划的展览、研讨会、工作坊、讲座和出版物与公众（包括观众、参观者、相关学者等）进行多角度的沟通交流，实现对知识的验证和传播；第三个阶段，展览结束，策展人对展览的进行总结和梳理。三个阶段展现了一个当代策展的逻辑关系，从研究角度而言，这三个阶段也构建了三次话

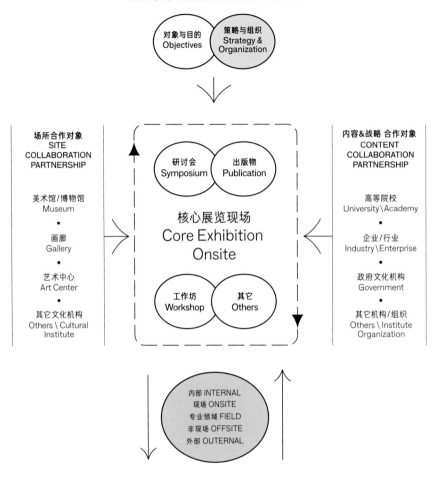

艺术家、设计师作品
ARTISTS DESIGNERS ART WORKS

对象与目的
Objectives

策略与组织
Strategy &
Organization

场所合作对象
SITE
COLLABORATION
PARTNERSHIP

美术馆/博物馆
Museum

画廊
Gallery

艺术中心
Art Center

其它文化机构
Others \ Cultural
Institute

研讨会
Symposium

出版物
Publication

核心展览现场
Core Exhibition
Onsite

工作坊
Workshop

其它
Others

内容&战略 合作对象
CONTENT
COLLABORATION
PARTNERSHIP

高等院校
University \ Academy

企业/行业
Industry \ Enterprise

政府文化机构
Government

其它机构/组织
Others \ Institute
Organization

内部 INTERNAL
现场 ONSITE
专业领域 FIELD
非现场 OFFSITE
外部 OUTERNAL

27

基于3个维度的 5 层沟通
Based on "3D Mode" 5 Levels of Communication

当代策展的阶段与过程

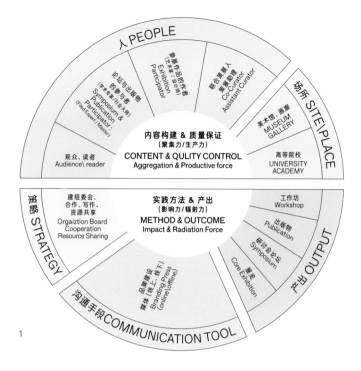

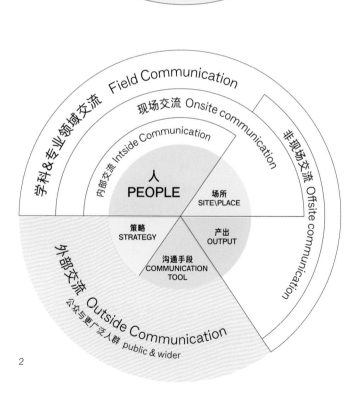

1. 当代策展的内容与结构
2. 沟通的五个层面

语，层层递进，在对研究的内容和主题的不同维度进行探讨之外，还发生了五次不同层面的沟通（内部的沟通、现场的沟通、专业与学科领域的沟通、非现场的沟通、外部的沟通），以对研究进行验证和传播。

当代策展人一直都处于一种比较抽象的存在：策展人挑选艺术家和作品，并以明确的主题、概念或叙事来进行展览的策划与组织（Ventzislavov，2014）。什么是当代时尚和首饰策展研究的模式和方法？策展研究又是如何生产新知识的？以下将基于TRIPLE PARADE国际当代首饰展¹为案例，从两个维度进行阐述：第一个维度，策展人作为展览的作者，通过展览策划实践的策略与方法，来分析当代策展不仅仅反映和传播已有的知识，同样能够作为新知识的生产方式和研究手段；第二个维度，策展人作为制作人，以当代艺术策展的体系为指导，如何结合时尚和首饰专业领域的特殊性，通过一个系统的策略与架构，探讨策展的管理模式与实践框架。

这项研究探讨了对策展人角色的定位和策展研究的方法，当代策展人不仅仅作为一个制作人扮演了展览的策划人和管理者等角色，更重要的是，当代策展人作为当代艺术展的作者，构建了策展人角色的价值以及其产出的品质。从知识生产的角度来看，一个展览的策划，实际上是由策展人引导的，由参与者（艺术家/作品的作者）、机构及公众的联合活动所构成。以下将基于TRIPLE PARADE国际当代首饰展的案例研究，阐述展览如何被理解为知识集合的场所和生产平台，并为当代时尚与首饰设计的策展与研究提供方法和手段。

当代策展人的角色定位

策展人是一个作为展览的作者与展览的制作人（Hiller & Martin，2002；Misiano，2010），是十字架形的两个角色与功能的合集。

在过去的十几年来，策展人的角色一直是视觉艺术领域讨论比较多的话题之一，策展人的角色和策展实践，已形成较为系统的理论和方法，成为一门独立的专业领域。从研究角度而言，策展广泛地涉及社会学、人类学、管理学、

策展人角色

艺术学等多个学科的知识。一般而言,在策展过程中将策展人作为研究者和作者的讨论比较多,近年来,策展行为通过主题的研究到展览制作,其作为艺术实践的一种方式,也起着极其重要的作用。尽管社会学倾向于将策展人的制作者身份 (Benjamin, 1970) 视为隐性或具体化知识的运用,但策展人的知识和计划可能会随着展览制作过程中的情境行为改变。

相比之下,在传统美术馆中,策展人的角色更倾向于是指在馆藏品中做研究的人,呈现的是一种更加孤僻和单一的立场。然而,随着理论家和实践者开始将展览视为研究的对象,并将展览作为研究实践的手段,展览与策展在当代的语境下的概念不断外延,呈现出新的轮廓,也逐渐出现基于不同行业的策展专业细分领域与方法探索,例如:时尚策展 (Vänskä & Clark, 2017)、建筑策展、设计策展等。当代策展人需要不断反思展览与文化之间的位置关系,在此过程中,当代的策展也提高了策展人的自身职业定位,提升了策展人的研究及批判意识。比较有代表性的会议之一,如2011年在所罗门·古根海姆博物馆所举行的 "策展的边界" (The Critical Edge of Curating) 学术研讨会,会议除了希望对基于美术馆和博物馆的策展学进行更好的理论梳理和实践分析外,另外一个关键的议题就是 "策展作为媒介,也是展览制作的一种外延" (Curatorial Agency in an Expanded Field of Production),将作者关系、策展方法、意识形态等这些基于当代语境而提出的问题放到了突出的位置。尽

1. 详见http://tripleparade.org。

Impact of Communication 展览影响力的维度

学科之间 INTERDISCIPLINARY

专业领域内 WITHIN THE FIELD

AUTHORSHIP
作者角色

展览影响力的维度 Impact of Communication

展览影响力的维度

管距离这个研讨会已经是差不多十年的时间了，但它引出了策展的理论和实践方法在当代的多元探索，这种探索也说明了一种趋势和倾向，即认为展览本身就是一个产生知识和呈现策展人思想与创造力的特殊场所，而不仅只是验证和传播研究结果的地方（Thea，2010）。显而易见，当策展作为实践时，就意味着当代策展人不仅有且只有一个角色，还同时具备其他维度和层面的角色与功能，那这又是指什么？如何理解双重角色的存在？

在实践层面，为了便于分析和理解，我将策展人的核心角色定位为"展览的作者"和"展览的制作人"，在整个策展流程的展览前期、展览中期、展览结束三个阶段中，这两个角色需要面对和处理不同的内容和方法，随着展览进度的推进不断互补且相辅相成，呈现出一个十字架形的交叉，可以说，当代策展人是展览的作者和制作人两个角色与功能的合集。十字架形的概念中，纵向的"作者角色"部分，就是策展人在策展学或展览内容相关学科领域的专业知识能力，它体现策展人专业研究能力的深度，包括了展览核心主题的设定、学科与专业发展的前沿问题设置、艺术家的选择和对艺术或设计作品的解读、展览的设计与造景、论坛专家的筛选与主题的制定等。横向的"制作人角色"部分，就是指策展人需要具备除专业研究能力外的管理和策划能力，包括把控展览项目的推进、战略制定、预算把控、团队管理、展览与美术馆等机构的政策、宣传与互动、媒体与活动开展等。

更重要的是，当代艺术设计与时尚的策展，策展人通过对艺术家的原始意图和创作方法的深入分析，解释和贡献了更深层次的意义，再通过展览的实践来传达给外界 (Davallon, 1999)。实践艺术家和设计师的很多艺术创作本身就是一个实验性和灵感涌现的过程，其中包括创作者本人对现实对象和空间的认知与艺术表达 (Elkins, 1999)。社会学倾向于将策展人的策展实践认为是基于理论和指导方针的，而不是主观的知识生产过程，这是有区别的。以下我将以我的策展实践为例对此进行综述分析。

十字架形策展研究的策略

十字架形对策展人角色分析，体现了在策展的互动和行动过程中，隐性知识、美学准则和有意义的方法是如何产生和沟通互动的。也可以对策展过程有更好的动态的理解，这种定性研究对文化和基于实践行为的社会学与艺术学研究都具有一定的理论价值。

话语的构建 1：研究主题和作品选择的框架

在传统的美术馆的展览策划中，展览的作品与内容大多都是基于美术馆的战略规划与其藏品，沟通的方式也多为对公众、参观者和同行的输出。然而，在当代的策展中，正如前文所提及的，由于当代语境下策展人的角色与策展研究都发生了非常大的改变，策展人从一个单纯对内容进行梳理和研究的作者，进化成为一个"编剧，导演，制作人"三个角色于一体的集合。展览第一个阶段的展览前期策划，是整个展览活动能否成功的核心，是一个展览的"地基"和"骨架"。

以 2018 年第四届的 TRIPLE PARADE 国际当代首饰双年展为例，2018 年 10 月 19 日由上海同济大学设计创意学院主办，在上海昊美术馆揭开帷幕，包括了核心的展览、研讨会、系列的讲座和工作坊。双年展的主题设定为"过去，现在与未来的对话"，时间上，它交代了过去（传统与单一）——现在（多元价值与多元维度的存在）——未来（现实本不存在，一切皆有可能）；空间上，它联系了上海（全球顶级城市的浮现）——中国（崛起的民族）——世界（风云变

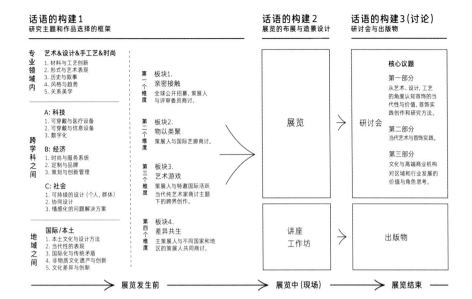

以第四届"TRIPLE PARADE国际当代首饰双年展"(2018年)为例的策展研究策略图

幻)。这里的"对话"强调的是时空在形式表象之外的核心内容,即对"当代价值"的思考,首饰在其数千年的历史发展中牵扯着极其复杂而多元的内容,已经逐渐演变成为一种特殊的符号,足以映射一个时空下的社会与文化对"价值"的认知。首饰的存在与发展,不仅是一种形式,而更是一种内容,探讨人与物、人与人、人与社会、人与世界的关系。首饰的发展,反映着社会的发展趋势和文化的变化,特别是在首饰专业领域,由于传统观念对首饰设计和创作上一直被其使用材料的物质价值、历史价值和工艺价值限制着发展,首饰设计的设计与艺术创作价值、情感价值、人文价值等一直未被重视。特别是在科技与信息化高速发展的当下,学科的交叉与互动变得极其重要,对专业理论和方法的探索迫在眉睫,对"价值"的讨论正是对这一问题的回应。每一种价值的存在,都是促进这个专业和行业发展的核心,当代首饰本身不应该具有特定的规则和边界。

首饰在其历史发展中的每一次的跨越,也许始于革命性的设计人才的出现、精湛的工艺与技术的发展、材料的改变,或者是某种观念与意识形态的呈现。从当代的角度来诠释首饰这个主题似乎并不难理解,但是,什么是我们这个时代中有价值的首饰设计呢?我们如何理解和认识作为一件可独立、又能与身体产生关系的艺术品的存在?如何从一个三维视角去诠释和表达对新材料、新工艺和新文化的理解，或是对新形式、新概念和新的审美等问题的研究？基于不同国家地域的社会、文化、商业甚至政治语境，不同的首饰创作方法是如何表现？基于这四个研究语境，展览的结构由"亲密接触""物以类聚""艺术游戏"和"差异共生"四大板块组成，这四个板块作品的选送，在内容和研究上从四个维度对主题进行了讨论，从策划角度，也在展览的沟通与交流上获得更大的影响力。

第一个维度，"亲密接触"板块，双年展设置了学术委员会，由我作为学术委员会的主席，联合艺术总监，在为期一年半的全球范围的公开征集和作品筛选中，评审遴选出了的来自全球的100位优秀艺术家和设计师，他们在首饰的内容、形式、方法、理论实践等方面，都有突出的创新点。第二个维度，"物以类聚"板块，我邀请了三家在不同地域有着重要专业和行业影响力的国际首饰艺廊，包括：有着42年历史的荷兰阿姆斯特丹的Gallery RA，也是全球第一家真正意义的当代首饰艺廊，旗下代理着全球最为重要的首饰大师和先锋艺术家；HANNAH Gallery（其前身为Klimt02艺廊），坐落于西班牙巴塞罗那，同时管理着国际专业交流领域最为重要的线上平台"Klimt02国际当代首饰在线"；FROOTS Gallery，是唯一受邀请的中国大陆艺廊，位于北京和上海，代理着超过40位的国际首饰艺术家。艺廊需要根据策展的主题设定和提出的研究问题，选送10位艺术家作为参展者。第三个维度，"艺术游戏"板块，学科和专业间的交叉与互动也是"当代性"中的重要部分，这个板块特别邀请了16位活跃的当代视觉艺术家进行跨界首饰创作，包括著名的油画家喻红、雕塑家展望、装置艺术家邬建安等，他们从跨专业的角度为当代首饰创作提供了新的视角。第四个维度，"差异共生"板块，这个板块以国家地区为单位，邀请了来自全球五大洲、10个国家和地区的策展人作为双年展板块下的联合策展人——刘骁、李恒、莫甘·德·克勒克（Morgane de Klerk）、伊佳·丹宁-科慕兰（Eija Tanninen-Komulainen）、玛丽亚·罗莎·弗朗辛（Maria Rosa Franzin）、丽贝卡·斯凯尔斯（Rebecca Skeels），伊丽莎白·萧·埃兹拉·萨托克-沃尔曼（Ezra Satok-Wolmam）、全永日（Yong-il Jeon）——联合策展人各自选送10位有代表性的本地区的优秀艺术家，相对集中地展示了文化地域的差异对当代首饰创作产生的影响和思考。这四个维度从不同的层面，对基于策展框架所提出来的研究问题进行了系统性的研究讨论和梳理，最终选定展出了来自34个国家及地区的300位艺术家和设计师近500件优秀作品，几乎所有的艺术家和设计师都是接受过院校的高等教育并且有自己的职业发展。

一些艺术家通过首饰设计表达思想，如，美国艺术家劳伦·卡尔曼（Lauren Kalman），她的作品有着较为强烈的当代艺术观念，其内部的逻辑都是以首饰为视角来反观女性主义。一些艺术家的工作手段也可以被认为是一个创造性的探究关系，如在中国艺术家刘骁的作品中，记录并描述他的个人行为、情感、理解和自我意识的很多微小变化，以这些记录下来的精神变化进行创作，首饰成为他"自我反思"的结果。德国旅英艺术家吉万·阿斯特法尔克（Jivan Astfalck）同样通过首饰设计探讨个人的情感、自身与其他人的情感交流。中国首饰艺术家张小川和丹麦艺术家安妮特·达姆（Annette Dam）的创作也在探讨关系，但其初衷意在阐释大自然的变化与个人存在之间的关系，借此思考变与不变，显现了浓烈的中国文风和情结。另两位中国艺术家赵祎和庄冬冬，则是在发掘物与物的关系，从中国传统文化中寻求灵感，通过重构内容、概念、材料和形式，用当代的艺术设计手段来嫁接新与旧的美和价值；类似观念的还有中国艺术家方政的作品。的确，作为当代的视觉艺术的一部分，当代首饰不仅具有实用的部分（可佩戴性），但更多是叙述、观念、概念，以及雕塑性等特质。如，土耳其的艺术家艾塞古尔·泰利（Aisegul Telli）、中国艺术家任开，他们作品更多则是基于精湛的手工艺。材料美的再研究和探索也是当代艺术和设计中的一大主题，如中国艺术家赵世笺、丹麦艺术家玛丽-路易斯·克里斯滕森（Marie-Louise Kristensen）、土耳其艺术家斯内姆·伊尔迪林（Snem Yildirim）、法国艺术家塞巴斯蒂安·卡尔（Sébastien Carré）、以色列艺术家尼瑞特·德克尔（Nirit Dekel）、南非旅华艺术家格西·范德梅尔维（Gussie van der Merwe）、瑞典艺术家卡琳·罗伊·安德森（Karin Roy Anderson）都将材料作为研究对象。当然，展览中也有如中国艺术家郁新安，尝试探讨技术、材料与观念之间在数字化设计方法上的可能。英国艺术家张翠莲（Lin Cheung）则在熟练驾驭概念设计在首饰语言的表现上，以及对材料的控制上，折射出了她鲜明的个人特色。中国设计品牌东长（艺术家张硕&陈小文）、设计师邓品瑜则更为直接地与时尚设计进行合作，尝试作品的限量创作；朱丹燚则更加鲜明地定位在了轻奢。这是最为良性的多样艺术生态，无论这些艺术家们用什么样的形式语言或工作方式，从精神到物质的挖掘，抑或从对自身与别人的专注到跨领域的合作，他们始终在首饰的世界中探索当代的属性，并释放着自身存在价值的光芒。

因此，作品的筛选变得尤为重要，艺术家的作品承载了大量的隐性知识（tacit knowledge）和他们自身无法认知的不确定性，包含了创作者在设计上的方法、想法、概念、文化观念、思考、感受、经验、态度、信息、研究、材料工艺，等等。策展人需要基于对艺术家和其作品的理解和大量的文献研究作为判断，如何向公众展示当代艺术品的知识被认为是认知艺术品的重要组成部分（Tobelem, 2005）——艺术家的作品是否能够被纳入展览的内容框架，或者如何能够被纳入框架，以什么样的形式出现在展览中。除此之外，策展人还需要通过自己在专业领域的知识和必要的个案研究，去消化和重新梳理这些信息，将首饰作品中的大量隐性知识转变为有脉络的文字和新的创作，并且以符合策展的方式向观众重新呈现，这包括对展览设计与造景的思考、对研讨会主题的设定、对媒体和评论的引导，以及对作品与展览关系的描述。

话语的构建 2：展览的造景设计

随着策展环节的推进，引申出第二次的研究讨论和梳理，其发生在展览的造景设计与制作过程中（Scorzin, 2011）。展品是构成整个展览的内容之一，策展人在造景创作的思考中，选择如何向公众展示的方式在很大程度上取决于展品，也就是展品与展览的呈现关系。这个过程中会出现很多的讨论和尝试。第一，有一些当代艺术展览展出的是全新的委托作品，策展人在对艺术展主题的诠释下委托受邀艺术家进行创作。策展人与艺术家就作品的传播媒介和展示方式会进行长时间的、详细的讨论，这个过程有着很大的变化性。在更实际的层面上，策展人可能会因为现实出现的艺术作品的不可预期，调整或改变策展人的策展想法，重新梳理展览的呈现方式（DeNora, 2000）。第二，很多时候，策展人在收到作品前，一般会通过查看图像文件、艺术品目录或网站认知和了解作品，然后做出关于如何呈现作品的选择，大多数情况下，这可能与亲临作品的认知完全不同，会对展品的规模、真实颜色或展示的逻辑等关于展示的要素产生误解。这也可能是因为在低质量图像中无法察觉艺术作品的细微特征，如表面反射、纹理等小细节，或者更简单地说，在图像中未能示出艺术作品的真实景象。第三，尽管专业策展人对展览空间由足够了解，也会绘制造景的展示图，但展品依旧可能需要根据实际空间限制、照明系统和展示能力进行调整（Yaneva, 2003）。当然，展览造景过程中的构建讨论还不仅仅是这三点，但足以证明这个阶段是展品—策展人的思考与研究—空间三者之间发生"化学反应"的过程。

"展览是一个复杂综合体，是对秩序的一种回应，但在试图将其转变为文化问题时，展览的知识结构改变了专业领域的方向，试图让公众看到秩序的力量和原则，从而影响公众及社会，而不是反过来。"社会学理论家托尼·班奈特（Tony Bennett）就很恰当地将策展人的背景知识与展览制作的关系称为"复杂综合体"——它描述了策展的过程是整合建筑、造景、展示、作品、观念的合集，这个合集表现创造、策划、制作、管理等多个领域的特征（Bennett, 1996）。

28

在2015年第二届的TRIPLE PARADE国际当代首饰展中，其主题设置为"中国、芬兰与比利时三国当代首饰设计的对话"，探讨不同国家的设计师和艺术家基于本土文化和工艺方法，在创作设计方法上的不同探索和差异。展览设置在天津美术学院的美术馆内，500平方米的方形展厅没有任何隔断，需要对56件首饰作品进行展示，同时还要考虑观众与作品、观众与展览设计之间的关系与互动——于是造景的应用就显得非常重要，这也是展览与展示在本质上的核心区别之一。作为一场内容明确的展览，为体现不同国家和区域文化上的差异与融合，造景设计的方案最终以多块碎散开的"冰山"为概念。冰山是海洋中的奇景，它漂移在海面上，可与海床或另一块冰山接触，并且每个冰山都有着最独特的造型。这也寓意了对"异同"与"对话"多层面的表现。"冰山块"会分散在开放的博物馆空间里，观众自由穿行在"冰山"之间观看作品，沉浸式的交互观展从另外一个层面丰富了观展体验，同时把观众纳入展览的一部分。

展示的视觉吸引力是惊人的，实验性的、当代的首饰被陈列在各种大小不一的冰山场景中上演，反映了对未来首饰发展和创作者创造力的诠释。显然，造景设计的意图是基于美术馆这样的文化艺术机构，创造一个独特的感官体验，这是在其他任何珠宝首饰店、博物馆、展会等空间所没有的首饰展示方式。每一件作品的展示都被精心设计在了观展的流线中，不同国家的艺术家作品并没有按国籍区分开来，而是通过当代设计中的9个主题为叙事手段：可持续化、数字化与技术、工艺和形式、创新材料、社会与观念、时尚与美、身份认同、传统的当代再现、思辨与批判。除了现场的展览造景外，数字媒体与新媒体技术也是这几年当代策展中尝试较多的，如在2014年第一届的TRIPLE PARADE国际当代首饰展中，展览就开设了线上的虚拟展览 (Virtual Tour)，场外的观众可以在手机或者电脑上感受如现场般的虚拟现实场景。

展览的整体体验和特定的氛围也是通过选择灯光的布置方式和映射方式来营造的。黑暗的美术馆房间被戏剧性地照亮，投影仪从一个展示对象旋转到另一个。而观展的路线是通过灯光来引导的，作品在不同方式的灯光照射和光影影响下呈现出的视觉刺激，不断地增强观众对首饰作品的兴趣和感知。视觉的丰富性和体验感，是造景作为策展中很重要的一部分，这也在根本上改变了传统策展人对展品的简单陈列展示，而是将展览纳入艺术实践和研究

1

3

1. 2015年第二届TRIPLE PARADE国际当代首饰展展览造景设计，天津美院美术馆.
2. 2014年第一届TRIPLE PARADE国际当代首饰展在线虚拟展览，深圳华侨城美术馆OCT

理论,将其作为知识探索的方式被纳入思考,以创造一个传达意义、内容和情感的互动体验,最大化地传达了首饰艺术作品的静态美,增强了观众和艺术作品之间的交流和认知。同时,每一位进场的观众在进入前,都会获得一本关于展览的小册子,用文字和作品图片介绍了每个展示的主题,这样的文本,解释了展览的历史背景、愿景、设计师艺术家创作的分析,这也将简单的观展体验转化为一个知识互动和传播交流的过程,即使观众没有任何艺术、哲学、文化、历史的基础知识,也能够在观展过程中获得策展人想传达的信息。

近年来,造景的概念已经从戏剧语境和舞台美术的专业领域中衍生出来,并在当代艺术和时尚展览中不断扩大其影响。那如何理解"造景"(scenography)一词?英文中的"scenography"一词来源于希腊语"skenographia"(Small, 2013),由词根"sceno-"和"graph-"组成,其中"sceno-"是指场景,亦指空间、舞台、展台;"graph-"是指创作、记录、描述,其字面意思与中文"造景"相似,但是很重要的是,"造景"作为一种舞台和戏剧的表现手法,暗示了空间创造与设计过程中的作者身份,正如造景设计师弗兰克(Frank)所说,"这个场景被解释为'小屋'和'创作'两个词,这也意味着作者在空间里的意义"。(Oudsten, 2011)换言之,造景不等于布景或展示设计,相反,它包含了对研究、展品、展位、展台、灯光、道具、色彩、影音、气味等元素的整体设计与创作(Howard, 2002)。造景成为传统展览单一模式变革的力量,当策展人将造景应用到策划和主题表达中时,出现了一个前所未有的交汇点——展览成为策展人—艺术家/作品—观众三者之间沟通的方式。尽管造景在当代视觉艺术展览制作中的应用并非是新鲜事,但这对在美术馆语境下的当代时尚和首饰设计策展实践与学科的发展会产生什么样的价值?策展人以美术馆等公共文化平台为媒介,又如何沟通和交流其策展思想和研究主题呢?这些问题似乎要与当代博物馆学的发展联系起来。正如经济学家约瑟夫·派恩与詹姆斯·吉尔摩(Pine & Gilmore, 1999)在其著作中提到的,在全球化知识和体验经济的背景下,当代美术馆已经不再是单纯的历史藏品的仓库,它们在强化新知识传播与公众教育的同时,在知识经济的驱动下,还要增强观众体验(Basu & Macdonald, 2007),特别需要注重吸引年轻观众,以刺激文化机构的体验消费。特别是当下大量私人美术馆和博物馆的出现,巨大的基础建设消耗,不得不让文化机构重新思考其角色的多样性,以面对美术馆生存、竞争和发展三者间的矛盾。造景将场地视为策展过程中非常重要的一个部分,能够广泛地应对文化价值的需求。

近几年，在当代美术馆的时尚和首饰主题展览策划不断出现，其中有专业化的研究展览，也有对知名设计师的解读或品牌的专题展览。一方面，这说明时尚与首饰在展览领域的潜力很大 (Valerie, 2008)，另一方面，也呈现出当代艺术策展的多元化。我作为 TRIPLE PARADE 的策展人，在展览和策展中着重探讨首饰的专业研究和发展，为艺术、时尚和首饰的热爱者创造了一次美好的知识旅程和体验，同时也是对当代美术馆多元化发展的探索。它将时尚与首饰这两个多被认为是流行文化的主题，成功地转变成一种精英主义的形式——当代艺术，更为当代时尚和首饰策展的实践提供了有效的方法和理论支持。由此，时尚和首饰展览能够在画廊和美术馆中被解释为新的模式 (Anderson, 2000)，这种模式将时尚与首饰理解为一种类似于当代艺术的表现方式与多元文化的发展现象，从而将时尚和首饰从"物质、媚俗"的"商业气质"中解放出来。

话语的构建 3：研讨会与出版物

毋庸置疑，除了策展的实践过程本身，研讨会、出版物，还有工作坊和讲座都是传统研究中非常重要的知识产出与验证的形式。从 2015 年第二届的 TRIPLE PARADE 国际当代首饰展，到 2018 年第四届的双年展，无论展览的规模大小，在展览期间所举行的当代首饰的设计研讨会与出版物的发行一直都成为展览开幕后的另一个高潮。研讨会不仅面向首饰领域，还面向更加广泛的艺术设计时尚领域与行业，同时也对该主题感兴趣的公众与学生开放，研讨会的交流、研究成果，也成为策展过程中的第三次话语构建和讨论。研讨会本身作为一个有效的知识讨论与分享的平台，汇集了与主题相关的重要的国际专家、学者和行业精英，以实现学术领域最有效的互通。TRIPLE PARADE 国际当代首饰展研讨会在 2015 年的主题为"以首饰作为语言——文化与设计的边界"，邀请了 12 位来自荷兰、比利时、芬兰、中国的领军学者，囊括了设计评论家、著名收藏家、学院教授、艺术史学家、著名画廊创始人、设计师、艺术家、美术馆策展人等，从多个视角讨论了首饰设计的文化内涵。2016 年回归到对首饰专业内容的探索，主题为"创造者、佩戴者、观者之间的对话"，除了学术研讨会外，出版物的编辑发行也基于对话的主题，特邀了 14 名国际学者的采访文献，从设计创作、高等教育、美术馆策划、协会管理、收藏佩戴、艺廊经营等角度延伸了对主题研究的思考。2018 年第四届的双年展研讨会则对"首饰设计与创作的当代价值"进行探讨，来自英国、美国、荷兰、意大利、中

当代艺术设计策展的研究方法与策略：以 TRIPLE PARADE 国际当代首饰展为例

1

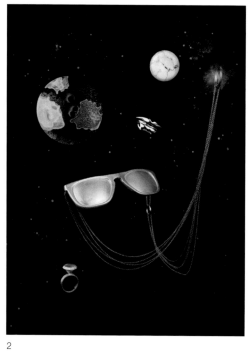

2

1/2. 2016年第三届TRIPLE PARADE国际当代首饰展出版物摄影
　　摄影：车侠

3

4

5

3. 2018年第四届TRIPLE PARADE国际当代首饰
   双年展论坛
4/5/6. 2016年第三届TRIPLE PARADE国际当代首
   饰双年展学术论坛与工作坊

6

当代艺术设计策展的研究方法与策略：以 TRIPLE PARADE 国际当代首饰展为例

国、芬兰、丹麦、加拿大和澳大利亚等十几个国家的特邀嘉宾和行业领军作为演讲嘉宾，深入探讨了从"从艺术、设计、工艺的角度认知首饰的当代性与价值""首饰实践创作和研究方法""当代视觉艺术与首饰的跨界实践""文化与艺术机构对区域和首饰行业发展的价值与角色思考"四个层面的问题。

结语

在艺术学研究领域，策展的研究成为一个新兴的研究主题，属于后现代语境下博物馆学和艺术学研究的广泛领域。本文从对艺术设计策展研究的两种类型的解析，提出了策展研究的框架与策略模型，指出了如何通过展览的策划实现知识的建构与产出。以TRIPLE PARADE国际当代首饰展为例，是已经成功举办过四届的国际性的首饰展，留存了太多值得用来探讨的材料和文献，其中包括了很多我的策展实践与研究，很难在一篇文章中将它全盘抛出，本文更多是从当代策展人的角度对将展览的策划作为研究的方法和框架做作一个初步的梳理。当代的策展依旧具备很多的挑战，特别是时尚与首饰的策展，需要被纳入艺术学与博物馆学交叉的策展研究中，同时考虑其特殊性，它不应该只是单纯地对作品的陈列和展示，而应该探索时尚与首饰本身在发展过程中的复杂性本质，这涉及很多跨学科的知识背景，通过展览的策划和展览的呈现升华展品和主题内容，重新引发观者对社会关系与人类学的思考。

参考文献

ANDERSON F, 2000. Museums as fashion media//BRUZZI S, CHURCH-GIBSON P. Fashion cultures: theories, explorations and analysis. London: Routledge.

BARKER E, 1999. Contemporary cultures of display. London: Yale University Press.

BASU P, MACDONALD S, 2007. Exhibitions experiments. Malden: Blackwell: Introduction.

BAUER U M, 1992. Meta 2 a new spirit in curating. Stuttgart: Künstlerhaus Stuttgart.

BECKER H S, 1982. Art worlds. Berkeley: University of California Press.

BENJAMIN W, 1970. The author as a producer. New Left Review, 62: 83-96.

BENNETT T, 1996. The exhibitionary complex//FERGUSON B, GREENBERG R, NAIRNE S, 1996. Thinking about exhibitions. London: Routledge.

BILLING J, LIND M, NILSSON L, 2007. Taking the matter into common hands: on contemporary art and collaborative practices. London: Black Dog Publishing.

BJERREGAARD P, 2019. Exhibitions as research: experimental methods in museums. London: Routledge.

COOK S, GRAHAM B, 2002. Curating new media. Gateshead: Baltic Publications Ltd.

DAVALLON J, 1999. L'exposition à l'oeuvre: strategies de communication et médiation symbolique. Paris: L'Harmattan.

DENORA T, 2000. Music in everyday life. Cambridge: Cambridge University Press.

DRABBLE B, RICHTER D, 2008. Curating critique. Frankfurt: Revolver Verlag.

ELKINS J, 1999. What painting is. London: Routledge.

FERGUSON B, GREENBERG R, NAIRNE S, 1996. Thinking about exhibitions. London: Routledge.

GARDNER A, GREEN C, 2016. Biennials, triennials and documenta: the exhibitions that created contemporary art. New York: Wiley-Blackwell.

HEINICH N, POLLAK M, 1996. From museum curator to exhibition auteur: inventing a singular position// FERGUSON B, GREENBERG R, NAIRNE S, 1996. Thinking about exhibitions. London: Routledge.

Herle, A. (2013) Exhibitions as Research：Displaying the Techniques That Make Bodies Visible. Museum Worlds 5.

HILLER S, MARTIN S, 2002. The producers: contemporary curators in conversation, Vol. 4. Gateshead: BALTIC.

HOOPER-GREENHILL E, 2004. Changing values in the art museum: rethinking communication and learning// Carbonell B M. Museum studies. Oxford: Blackwell Publishing Ltd.

HOWARD P, 2002. What is scenography. London: Routledge.

KIRSHENBLATT-GIMBLETT B, 1998. Destination culture: tourism, museums and heritage. London: University of California Press.

MACLEOD S, HANKS L H, HALE J A, 2012. Museum making: narratives, architectures, exhibitions. London: Routledge.

MARINCOLA P, 2002. Curating now: imaginative practice/public responsibility. Philadelphia: Philadelphia Exhibitions Initiative.

MARSTINE J,2006. New museum theory and practice. Oxford: Blackwell Publishing.

MARTINON J-P, 2013. The curatorial: a philosophy of curating. London: Bloomsbury.

MISIANO V, 2010. MJ manifesta journal 10: the curator as producer. London: Manifesta Foundation.

OBRIST H U, 2008. A brief history of curating. Zurich: JRP, Ringier.

OBRIST H U, 2014. Ways of curating kindle edition. London: Penguin Books.

OUDSTEN F D, 2011. Space, time, narrative: the exhibition as post-spectacular stage. Farnham: Ashgate.

PINE B J, GILMORE J H, 1999. The experience economy: work is theatre and every business a stage. Boston: Harvard Business Press.

SCORZIN P C, 2011. Metascenography: On the Metareferential Turn in Scenography//WOLF W. The matereferential turn in contemporary arts and media: forms, functions, attempts at explanation. Amsterdam: Rodopi.

SMALL J P, 2013. Skenographia in Brief// HARRISON G W M, LIAPIS V. Performance in Greek and Roman. Boston: Brill.

SMITH T, 2012. Thinking contemporary curating. New York: Independent Curators Inc.

STEELE V, 2019. Paris: capital of fashion. London: Bloomsbury Visual Arts.

THEA C, 2010. On curating: interviews with ten international curators. New York: Distributed Art Publishers.

THOMAS C, 2002. The edge of everything: reflections on curatorial practice. Banff: The Banff Centre Press.

THOMAS N, 2010. The museum as method. Museum Anthropology, 33(1): 6-10.

TOBELEM J.M, 2005. Le nouvel âge des musées: les institutions culturelles au défi de la gestion. Paris: Armand Colin.

VALERIE S, 2008. Museum quality: the rise of the fashion exhibition. Fashion Theory The Journal of Dress Body & Culture, 12(1):7-30.

VÄNSKÄ A, CLARK H, 2017. Fashion curating: critical practice in the museum and beyond. London: Bloomsbury Academic.

VENTZISLAVOV R, 2014. Idle arts: reconsidering the curator. Journal of Aesthetics and Art Criticism, 72(1): 83-93.

YANEVA A, 2003. Chalk steps on the museum floor: the "pulses" of objects in an art installation. Journal of Material Culture, 8(2):169-188.

时尚与博物馆学的融合

将空间作为阵地

Fashion and Museography
The Space as an Ally

埃克托尔·纳瓦罗
Héctor NAVARRO
马德里高等时尚设计中心教授, 博士

广义而言，策展（包括秀场动态展览和美术馆静态展览）可以理解为时尚产业的重要一环，它向大众传达所有与最终时尚产品相关的内容与趋势。在创作者、品牌和时尚产品之间通过物理空间进行交流需要考虑诸多因素，展示作品时提供与作品契合的展示环境与设计至关重要，也必须考虑展示方式的多种可能与变化。从这个意义上讲，本文旨在分享西班牙理工大学建筑学院院长曼努埃尔·布兰科（Manuel Blanco）和我的一些博物馆学研究下的时尚策展实践，以及一些其他来自马德里高等时尚设计中心（The Centro Superior de Diseño de Moda de Madrid of the Universidad Politécnica de Madrid, CSDMM-UPM）的学生创作的橱窗展示设计的实践研究。

在展览设计前，需要考虑多方面的要素，最重要的部分是要如何将展览展示的内容和空间联系起来，而展览内容又必须解决两个方面的问题：展览的策划实践和设计造景，二者必须得出一个能够将参观者和展出的作品紧密联系的方案。无论是建筑、绘画、艺术、摄影、时尚等不同领域的作品，策展人和展览设计师（有时这两个角色是同一人）必须深入了解作品的内容，从而得到一个富有吸引力和创新性的策划方案，确保作品的内容、知识和精神内核能够准确地通过观展过程传递给参观者。

以下将分析曼努埃尔·布兰科和我自己策划的不同展览实践，每个展览都有不同的策划目的与目标，每个展览都为展出的不同作品塑造不同的定位与角色。总的来说，整体策略是试图为作品找到超越本体的、统一的表达方式。为此，我们必须设计一个能提供不同体验的复合空间方案，以满足不同参观者的参观需求，一些参观者只是在空间里走动，而另一些参观者更喜欢在空间氛围里深入感受作品。

展览"圣地亚哥 DC"，圣地亚哥·德孔波斯特拉，西班牙，2007

1

2

3

1. 展览 "西班牙 [们， 我们这些城市", 威尼斯, 意大利, 2006
2. 展览 "童年", 毕尔巴鄂古根海姆美术馆, 西班牙, 2011
   摄影: 伊莎贝尔·穆尼奥斯 (Isabel Muñoz)
3. 展览 "阿尔韦托·坎波·巴埃萨, 创作树", MAXXI博物馆, 罗马, 2012

"圣地亚哥DC"（Santiago DC）就是展示这一理念的展览之一，这是受西班牙北部城市圣地亚哥-德孔波斯特拉（Santiago de Compostela）市议会委托举办的城市展览，展出的内容之一是这座城市博物馆收藏的旧照片文献。策展的想法并不是简单把它们挂在墙上，而是希望以旧照片创造一个新的室内景观和故事线索。由此，我们考虑设计一块带有老城地图的布局方式来占据整个空间，呈现出这个城市不断变化的地形。以精心设计过的图板为基础，印刷在哑光玻璃片上的图片——对应在图板上的空间位置，图片的高度差也代表了相应的地形变化。这个策展方案旨在创造一种复合体验，照片放置在对应的实际地形上，即使透过周边的墙壁，参观者也可以看到老城和新城的景象，鼓励参观者重新认识老城，并将老城与新城的景象进行比较，思考城市发展的意义所在。由此，展览变成了一种提升性的超越实物价值的体验并且能够更好地传达展览的主题和目的。

"西班牙[f]，我们这些城市"（Spain [f], We the Cities）设计于2006年，是威尼斯双年展西班牙馆的主题展览。这个展览的体验不仅是基于物体，还基于口述的音频内容，不同的屏幕上展示着女性、著名建筑师、青少年、老年人等不同个体对城市的看法。屏幕上的人物以1：1的真人比例放映，每个参观者都有一个耳机，可以与屏幕上的人物创建对话，形成互动。除口述内容外，展览还包括一些图纸、照片、模型和其他相关资料用以补充。

我们在展览"童年"（Childhood）中再次探索了这个概念，继续这种一对一的策展思路。"童年"的展览内容是西班牙摄影师伊莎贝尔·穆尼奥斯（Isabel Muñoz）拍摄的肖像集，联合国儿童基金会委托她拍摄世界各地的儿童，展示他们的生活和所拥有的物品，以展示不同环境下的童年时代可以多么不同和不公平。这个展览在西班牙各地巡回展出多年，其成功来自其展览策划和设计所营造的参观体验。镜子做的墙壁和照片创造了一种新的景观，参观者可以在镜子里看到自己的影像，而自己的周围都是这些孩子。不管参观者喜不喜欢，他们都会不断地把自己和孩子们进行比较。可以说，这种视觉上的对比强烈地激发了观者自我意识的生成和对展览主题的思考。

但有时候，展览也不一定需要按这种思路来做，策展人和设计师只需要还原一种艺术现实，就像"阿尔韦托·坎波·巴埃萨，创作树"（Alberto Campo

Baeza, the Creation Tree）展览的情况一样。这位西班牙建筑师的作品被安藤忠雄看好，先是在东京展出，然后在罗马MAXXI博物馆展出。阿尔贝托·坎波·巴埃萨以他的草图而闻名，他在设计过程中不使用电脑，而用草图来表达自己的想法。展览在展出时，所有的草图都被用来制作成一棵"开花的创作树"，每一根树枝对应一个不同的项目，参观者可以看到建筑师的设计过程以及建筑的形态演变，粉红色的纸上则展示所有与该项目相关的信息。虽然模型、图纸、图片和采访都包括在展览中，但展览最大的亮点还是如何再现由"开花的创作树"和图片一起定义的展览景观，参观者从"创作树"中互动的体验也产生了新的意向。

另一个例子是在马德里皇家宫殿举办的名为"皇家图书馆的精装本"（Great Bindings in the Royale Library）的展览。用于精装本的材质也常常用在其他对象中，例如家具、装饰、纺织品……因此，展览设置了一个空间集中展示装订材质在其他对象上的应用，便于进行比较以判别不同材质的应用趋势。在这个展览中，不同的空间呈现不同类型的装订方式，为参观者提供了不同的选择。展览中的系列书籍使用圆形陈列柜放置，从中心旋转陈列柜，参观者可以看到精装本正面、侧面和背面的全貌。其他精装本则被放置在不同种类的玻璃展示柜中展示，突出强调其精美的装帧设计。

在与皇家图书馆的馆长同时也是展览的策展人会面后，因为我们对她解读这些书籍的方式着迷，我们决定拍摄她，并把这一过程展示在一个黑色的双屏幕设备中，屏幕中只显示她的手、书，配上她对书的介绍。这个装置可以很好地验证许多策展方案都来自对真实经验的提炼和创作。

对于马德里高等时尚设计中心而言，最重要的是让学生明白在展示时装作品时关注物理空间的重要性，这是让参观者和潜在客户实时了解设计师作品理念、材质和价值的唯一机会。部分品牌和设计师已经意识到这一点，他们甚至在创作的早期就已经开始考虑该如何展示服饰，除动态时装秀场外，他们还会通过展览和橱窗展示拉近与参观者的物理空间的距离。设计师必须建立超越服装之外的创意来完成他们的设计概念，因此，马德里高等时尚设计中心一直在参加由马德里梅赛德斯-奔驰时装周发起的当地的展览设计比

1

2

3

1/2/3. 展览"皇家图书馆的精装本"，马德里皇家宫殿，西班牙，2012

1

2

3

1. 胡安娜·马丁的购物橱窗，马德里，2017
   设计者: Adela Alfaro, Sara Cerezo, Armando Embarba, Dafne Fernández, Ana González, María Goujon, Patricia Romero, María Sánchez
2. 勒布·加巴拉的购物橱窗，马德里，2017
   设计者: Teresa Borrego, Laura Fernández Cavia, Lucía Gonzalez, Carla Maderuelo, Cristina Martín, Isabel Villar
3. 比阿特丽斯·佩纳维尔的购物橱窗，马德里2017
   设计者: Cristina Arredondo, Beatriz Castro, Cristina Coleto, Rocío Colino, Carmen Díaz, Yu You

赛，由不同的设计团队分别设计一个购物橱窗来展示西班牙著名时装设计师的作品。

对于学生而言，这项比赛是一个很好的展示机会，理论将有机会转化为真正的专业实践并获得经验，同时，我们增加了一些附加条件，充分激发学生的才能并使这样的设计任务变得更有趣：将他们的预算限制在70美元，且所有的展览设计材料都必须在宜家购买，必须在3小时内自行创造这些展示橱窗。学生们需要将宜家的产品去文本化和品牌化，并将其转化为新的一种装饰材料和元素，并将其与要展示的作品背后的概念发生联系。在一个橱窗方案中，用来存放塑料袋的白色柱体被用作装饰元素，柱体上金色的纸与时装设计师勒布·加巴拉 (Lebor Gabala) 在时装上使用的印度文化符号相呼应，这些柱体一方面形成了整体的橱窗展示空间，另一方面也承担实用功能，可以用来悬挂服装。

另一个橱窗方案展示了胡安娜·马丁 (Juana Martín) 设计的塞维利亚连衣裙，通常，塞维利亚连衣裙会选用有小圆点的织物进行设计，而这条裙子用的是纯色的黑白布料。学生在橱窗设计中选择了宜家最具标志性的家具，并在其中加入裙子缺失的圆点，与连衣裙形成了一个强有力的呼应，通过这种方式，将设计师的作品和宜家的畅销品联系在一起，形成了一个连贯的整体。

比阿特丽斯·佩纳维尔 (Beatriz Peñalver) 的橱窗设计方案旨在创建尽可能低成本的展示，5美分的纸板箱、宜家商店免费的纸卷尺和铅笔，共同构建成橱窗展示的主体。

胡安·比达尔 (Juan Vidal) 的购物橱窗方案迎合服装设计的概念旨在营造夏威夷之夜的氛围，服装是由著名时装设计师、马德里高等时尚设计中心的教授胡安·比达尔设计。橱窗展示利用宜家的折叠百叶窗，配合绿色的灯光展现如棕榈树般的场景，营造夏威夷夜晚的特殊氛围。

安娜·洛克 (Ana Locking) 的橱窗展示了安娜·洛克系列设计的一个造型，安娜·洛克也是CSDMM-UPM的教授，该系列的灵感来自美国西部文化，美

1

2

1. 胡安·比达尔的购物橱窗, 马德里, 2018
   设计者: Laura Fernández Cavia, Laura Ruiz Campos, Soraya Fernández, Inés Gabardos
2. 安娜·洛克的购物橱窗, 马德里, 2018
   设计者: Laura Fernández Cavia, Laura Ruiz Campos, Soraya Fernández, Inés Gabardos

泡泡购物橱窗, 马德里, 2018
设计者: Patricia Arenal, Noelia Escaño, María Guardia, Jorge Rodríguez

国国旗就是使用了这样文化的象征。学生们用宜家床架制作自己的旗帜,用著名的宜家毛毯编织旗帜的条纹,构建了美国西部文化的视觉意向。

在最后一个泡泡橱窗提案中,学生们收集空调设备中的铝管,选用这种非常适合营造明亮外观的材料创造场域。在这个橱窗展示中,图腾式的场景营造是吸引眼球的绝佳方式,三个不同的设计师共享同一个展示空间,因此提案必须以某种方式抽取一个抽象元素,使之与每个作品的概念相关联。

所有这些项目共同构建了有价值的创新内容。不同的策展理念和不同的展览设计实践表明,物理空间在内容和参观者之间能够建立起强大的联系,而专业领域和学术领域的作品都不应该轻视其作为展览的作用与价值,展览绝对不是展示和陈列那么简单。重视空间的关系,将有助于构建更强有力的策展方案与概念,这不仅仅是为了创造一个有吸引力的视觉呈现,而是为了营造一种超越展览对象的知识获取的体验,传递展示对象所包含的内容,超越其个体的价值。所有这些实践经验表明,策展并不仅仅是包含了建筑、场景设计、社会学、技术工程或娱乐相关的主题展示,更是一种复合的多维度挖掘作品内核的呈现。

CHAPTER

5

CONCLUSION

结语

未来就是现在

The Future Is Now
and the Making of Things

伊丽莎白·菲舍尔
Elizabeth FISCHER

瑞士日内瓦艺术设计学院教授，时尚与首饰系主任时尚和首饰在社会的文化产业结构中分成不同的层次和规模,有生产大量商品销往世界各地的集合型产业群,也有地区品牌、小规模作坊和协作式生产的制造商。一方面,快时尚的要求加速了生产和消费频率也改变了过去的行业形态,在全球范围内产生了大量的资源与环境污染[1]。另一方面,高品质的造物(无论是手工制造的还是工业制造的)提供的更高层面的价值,可以随着时间的推移延续下去而不是尽快地扔掉。本书的作者们也都不约而同地把论述重点放在时尚、首饰和配饰设计的核心关系上:人与人的身体。设计就是为对象构思和创造在设计的一端,是观念创意和生产制作的设计师和工程师;另一端是消费者,他们会购买和穿戴这些被设计和制造出来的物品,物品的有效价值(并非单纯是物质价值既基本需求,更多是设计师创造的,能够满足社会需求与个人需求的精神和人文附加值)决定了消费者是选择保存和珍惜它们,还是过一段时间就丢弃它们。

本书中的大多数文章都强调了这样一个事实:人类往往追求那些能够强化和塑造了他们的社会身份并建设他们日常生活的东西——当然对于一些生活较为贫穷的人而言就纯粹是出于基本功能的需要了。在2017年的一份时尚报告中,联合国绿色和平组织提到"设计出促进服饰使用寿命得到延长的产品是最重要的减少资源浪费的途径之一",强调了服饰设计中的技术重要性和情感耐久性[2]。正如琪亚拉·斯卡皮蒂在她的文章所指出的那样,"我们不应该忘记,首饰是一种具有强大象征力量的物品,它将佩戴者与他/她的情感和感知捆绑在了一起,并将其放大。首饰可以将设计理念和思想连接并传递出去……根据这个研究视角……设计不仅用于美学或功能的优化,它本身也将成为一个方法与途径,建立物质和人的全新关系。"有几位作者强调了如何用设计驱动的方法来创造情感价值,以及如何在设计、产品和用户之间建立重要的关系。Silent Goods品牌的创始人福尔克·科克,传达了同样的想法——从设计师和品牌经营者的角度来看,"尽管材料的选择会对环境产生重大的影响,但是我们也明白,作为设计师及制造商,我们最大的影响

未来就是现在

---

1. 详见http://www.greenpeace.org/international/en/publications/Campaign-reports/Toxics-reports/Fashion-at-the-Crossroads/。
2. 详见http://www.greenpeace.org/international/en/publications/Campaign-reports/Toxics-reports/Fashion-at-the-Crossroads/。

是改变产品和使用者之间的关系"。正如Jil Sander现任联合创意总监露西（Lucie）和卢克·迈耶（Luke Meier）所倡导的那样——从本质上说，在一个理想的世界里，设计本来就应该是创造出高品质的东西，让用户受益并经得起时间的考验³。

这与理查德·塞尼特（Richard Sennett）在2008年所写的一句话相呼应："只要我们更好地理解事物的创造过程，我们就可以实现更人性化的物质生活。"（Sennett, 2008）设计师和用户都能从"创造和使用事物"的关系中获益。近年来，许多人（非设计工作者）重新发现了自己动手DIY创造事物（无论是食物、衣服、家居用品）的乐趣，还愿意花时间做家居的修理工作。这类活动通常被低估了，因为用资本主义经济学的观点来说，它们没有"盈利"和社会价值。然而，DIY创造的过程表明了一些珍贵的东西和体验，还能够更好地理解制造的过程和物质世界。创造事物的过程（即使只是DIY）也把我们从工业化的社会带回到一个更人性化与个体化的层面，让我们重新接触到生活点点滴滴的物质性——创造事物的感官体验在充满不确定性的时代给我们提供了"情感根基和人性保障"。它也提醒我们，以一种包容的方式，去理解和对待任何物品的每个生产制作部分（从设计师到生产者，再到消费者）。现在，过分高速发展的社会，比以往任何时候都更应该停下脚步做一些思考，李·埃德尔科特（Li Edelkoort）将这场人类对世界和环境的影响定义为危机，反思和重启的时刻："因此，如果我们是明智的，遗憾的是我们现在并不是——我们是否可以再次启动新的制度，让国家重新关注生产技术和产品品质，注重'个体'制造的价值和发展，珍视手工劳动的价值，让人的存在与社会发展和周遭环境的发展能够可持续化。事实上对'新时代'的未来预测似乎比我预期的要快得多。我们能采取这种整体的、更人道的方法吗？"⁴文章"前车之鉴，后事之师"中，伊丽莎白·萧强调了由澳大利亚工程师马特·鲍特尔用3D打印机制作的假肢，其在知识共享协议下允许人们下载设计，但不能出售或从中获利。鲍特尔是埃德尔科特预言的"新时代"的一个典

302

---

3. 详见https://amagazinecuratedby.com/collection/lucie-and-luke-meier/。
4. 详见https://www.dezeen.com/2020/03/09/li-edelkoort-coronavirus-reset/。

型例子，在这个时代，"家庭"制造者能够在他们自己的工作室里为特定人群的需求做出回应，尽管规模很小，但在互联网和信息科技的支持下，商品可以在区域框架内生产，但在世界范围内展示、销售。

正如马尔滕·韦斯特格在她的文章中所倡导的，是时候用多学科交叉的方法结合时尚的设计过程和产品的生产工艺，以及各学科的社会和个人的需求，还需要挑战在时尚这个领域统治了太久的资本主义利益剥削机制，向世界上各种形态和文化背景开放。共享知识和技能，对开源数据的可访问性，由集体和包容性的团队掌舵设计和生产单元，这些都是具有前瞻性的思考。本书的成果为我们提供了独到和深刻的见解，作为生活在全球化语境下的我们，所面对的是社会是如何更好地创造和提供可持续化的弹性、包容性和公平。设计、创意和制作在以有效用户为对象的过程中为未来人类提供了更多的价值。如今，我们正面临各种重大挑战：爆发性疾病、全球性气候变化和非法移民、人口增长对社会和自然资源带来的负担，其实直接或间接地已经对我们的生活方式产生了巨大影响，并不可避免地导致文化和社会的消极变化。换句话说，我们都不是孤立的存在，而是与周遭不断发生互动和交流的个体。设计作为创新的手段，无论是社会创新还是技术创新，设计都可以创造更优的价值和实现人类社会的可持续化发展，我们可以更好地面对未来世界的挑战。

未来就是现在

参考文献

SENNETT R, 2008. The craftsman. London: Yale University Press.

30

主编简介
ABOUT THE EDITORS

［荷兰］孙 捷
Jie SUN

国家特聘专家，现任上海同济大学设计创意学院教授，博士生导师。同济大学设计与艺术学科学位评定分委员会委员，设计学学科委员会委员，艺术专业学位教育指导委员会副主任。兼任上海市侨联青年总会理事，青岛S×V大赞当代美术馆馆长，海外高层人才艺术设计研究院（广州）院长。曾任职于荷兰与丹麦的国家级学院与机构，获得过荷兰国家创意产业基金（荷兰文化部）、丹麦国家创新与研究基金（丹麦文化/科技部）；荷兰文化部在2012年授予"优秀文化艺术人才"的荣誉头衔。获得多项海外重要设计大奖，设计作品永久馆藏于美国休斯顿美术馆、丹麦科灵皇家博物馆、荷兰CODA美术馆、西班牙国立设计博物馆等国际一流美术馆；受邀参加过超70余次国际重要艺术展览与设计盛会、30余次重要的国际会议论坛发言与主题演讲，包括世界设计博物馆论坛（维也纳）、中荷文化传媒论坛（阿姆斯特丹）、中法文化论坛（里昂）等。专注于当代时尚设计与艺术的策划、实践和研究；秉承"大时尚设计+"创新整合文化、生活、设计、美学、商业、科技等要素，实现设计的当代性和人性化体验，以及可持续发展的区域消费与产业升级。

300

主编简介
ABOUT THE EDITORS

[瑞士] 伊丽莎白·菲舍尔
Elizabeth FISCHER

伊丽莎白·菲舍尔现任瑞士日内瓦艺术设计学院教授,时尚与珠宝首饰设计学院院长,日内瓦艺术设计学院学术委员会顾问。主要负责教授时尚与首饰相关产品设计的课程,也为学院在特色手表设计与相关时尚设计的硕士课程建设上作出了很多贡献。学术上,伊丽莎白·菲舍尔教授目前主要专注于服饰文化史研究,包括对时装、珠宝首饰、配饰、纺织品等领域的研究,近年来,她不断探索现代人体与首饰、着装与性别之间的关系。除了在高等院校的任职外,她作为研究员和策展人在博物馆工作过超过25年,现任瑞士时尚博物馆MuMode的学术委员会成员,负责规划博物馆新的文化边界和制定相关科研计划。

30

致谢
ACKOWLEDGMENTS

在此，我特别要感谢，在整个项目中与我合作最为密切的伊丽莎白·菲舍尔教授，她也是本书的主编之一，还有吉列勒莫·加西亚-巴德尔教授和玛丽-皮埃尔·让塔摩女士（Marie-Pierre Gendarme），为本书作出很大的贡献。我也要感谢参加了论坛并全力支持本书的各位嘉宾们：让-马克·肖夫副教授（Jean-Marc Chauve）、马尔滕·弗洛里斯·韦斯特格博士（Maarten Floris Versteeg）、伊丽莎白·萧博士（Elizabeth Shaw）、凯瑟琳·桑德女士（Katharina Sand）、娜奥米·菲尔默女士（Naomi Filmer）、妮卡·玛罗宾女士（Nichka Marobin）、玛拉·斯安帕尼女士（Mala Siamptani）、福尔克·科克先生（Volker Koch）、克里斯蒂娜·卢德克教授（Christine Lüdeke）、克里斯蒂娜·乔塞利教授（Cristina Giorcelli）、艾米丽·哈曼副教授（Emilie Hammen）、宝拉·拉比诺维茨教授（Paula Rabinowitz）、多纳泰拉·扎皮耶里女士（Donatella Zappieri）、埃克托尔·纳瓦罗副教授（Héctor Navarro）。除此之外，还有全永日教授（Yong-il Jeon）、关绍夫教授（Akio Seki）、伊尔科·摩尔先生（Eelko Moorer）、琪亚拉·斯卡皮蒂副教授（Chiara Scarpitti）对本书的贡献。

感谢同济大学副校长娄永琪教授一直以来对我工作的信任和支持。同时，感谢展览组委会与论坛筹备组的各位同事们在不同工作环节中的付出：天津美术学院的庄冬冬副教授，同济大学设计创意学院的陈冬阳女士、赵世笈女士、原帅女士，上海昊美术馆（曾任）的祝青女士，同济大学出版社的袁佳麟女士与周原田女士。还要感谢瑞士联邦政府科技文化中心（swissnex China）科技领事孟善能博士（Felix Moesner）和孙逸雯女士对本项目的大力支持。

特别感谢：同济大学设计创意学院、同济大学上海国际设计创新学院、当代首饰与新文化中心、瑞士联邦政府科技文化中心（swissnex China）

图书在版CIP数据

奢侈品设计之灵：当代时尚与首饰 / (荷) 孙捷，

(瑞士) 伊丽莎白·菲舍尔主编. -- 上海：同济大学出

版社, 2021.8

ISBN 978-7-5608-9860-5

I. ①奢… II. ①孙… ②伊… III. ①消费品 - 产品

设计 - 文集 IV. ①TB472-53

中国版本图书馆CIP数据核字(2021)第159319号

奢侈品设计之灵
当代时尚与首饰

〔荷兰〕孙捷　〔瑞士〕伊丽莎白·菲舍尔　主编

出 品 人: 华春荣
策划编辑: 袁佳麟
责任编辑: 周原田
责任校对: 徐春莲
版式设计: 刘青
责任翻译: 孙捷　翻译校对: 孙捷
初稿翻译: 王诗斐

出版发行: 同济大学出版社
地址: 上海市杨浦区四平路1239号
电话: 021- 65985622
邮政编码: 200092
网址: http://www.tongjipress.com.cn

经销: 全国各地新华书店
印刷: 上海安枫印务有限公司
开本: 710mm×1000mm 1/16
字数: 390 000
印张: 19.5
版次: 2021年8月第1版 2022年6月第2次印刷
书号: ISBN 978-7-5608-9860-5
定价: 168.00元
本书若有印装质量问题, 请向本社发行部调换